PRACTICAL SOIL PHYSICS

实用土壤物理学

张世光（Chong Shekong）
史小红（Shi Xiaohong）　著

中国水利水电出版社
www.waterpub.com.cn
·北京·

内容提要

土壤物理学是土壤学的一个分支。本书是作者多年来在土壤物理研究与教学中整理出来的结果，主要内容包括与农业、水文及环境有关的基本土壤物理性质、测定方法及其应用。农业土壤主要是研究土壤中水、肥、气、热四个因子，而四个因子中以“水”最为重要，本书主要着重于水，因而肥、气、热方面的内容在本书中涉及较少。

本书可作为大学土壤物理学的入门教材，适用于三四年级本科生及研究生作为阅读课本，也可为对土壤物理有兴趣的学者提供一些帮助和参考。

图书在版编目（CIP）数据

实用土壤物理学 / 张世光，史小红著. -- 北京 : 中国水利水电出版社，2022.12
ISBN 978-7-5226-1014-6

Ⅰ. ①实… Ⅱ. ①张… ②史… Ⅲ. ①土壤物理学 Ⅳ. ①S152

中国版本图书馆CIP数据核字(2022)第177741号

书　　名	**实用土壤物理学** SHIYONG TURANG WULIXUE
作　　者	张世光（Chong Shekong） 史小红（Shi Xiaohong） 著
出版发行	中国水利水电出版社 （北京市海淀区玉渊潭南路1号D座　100038） 网址：www.waterpub.com.cn E-mail：sales@mwr.gov.cn 电话：（010）68545888（营销中心）
经　　售	北京科水图书销售有限公司 电话：（010）68545874、63202643 全国各地新华书店和相关出版物销售网点
排　　版	中国水利水电出版社微机排版中心
印　　刷	河北鑫彩博图印刷有限公司
规　　格	170mm×240mm　16开本　13.5印张　228千字
版　　次	2022年12月第1版　2022年12月第1次印刷
印　　数	0001—1000册
定　　价	**98.00**元

作 者 简 介

张世光（Chong Shekong），生于马来西亚砂拉越古晋市（Kuching，Sarawak，Malaysia）。高中毕业后到台湾大学深造，主修灌溉与排水专业，于1970年、1972年取得台湾大学学士学位、硕士学位。1972年前往美国进修，1974年获得夏威夷大学（University of Hawaii）土木工程硕士学位，专业为水资源和水文学。1979年获得夏威夷大学博士学位，专业为土壤物理。同年受聘于南伊利诺伊大学卡本代尔分校（Southern Illinois University，Carbondale）。在职期间，受聘为台湾大学客座教授。退休后分别在夏威夷大学及内蒙古农业大学水利与土木建筑工程学院讲授土壤物理短期课程。

史小红（Shi Xiaohong），博士，教授，博士生导师。任教于内蒙古农业大学，研究方向为寒旱区河湖湿地水、土环境保护与修复。

前言

土壤学是把地球表层作为一种自然资源来研究的学科，其涵盖的范围包括：土壤的形成、分类和测绘，土壤的物理、化学、生物特性，以及其与作物生长相关的水、肥、气、热的特性，甚至还包括土地的使用和环境管理等内容。

土壤物理学应用领域广泛，环境工程、资源保护、水土保持、有机食品的生产，甚至延伸到金融、保险、房地产业、都市美化及许多高科技的领域中，特别是在大数据收集、土地利用、城镇规划与发展、水资源和环境保护、能源开采等，都会涉及土壤物理学。因此对从事土壤教育的学者而言，有责任去思考如何能让更多的年轻人加入土壤研究的领域。在土壤物理的理论研究、溶质在土中的移动和水文模拟过程中必须清楚地了解所模拟的土壤性质，如土壤的质地、结构以及所模拟土壤的参数等。作者从教学和研究经验中，深深地体会到最容易让学生对学科感兴趣的方法莫过于让学生亲自动手。

本书侧重于实际应用，注重室内和田间实验，书中添加了许多插图，介绍了一些仪器，展示了室内与田间实验设计和实验过程，希望从事相关课程的老师能够带领学生到田间实习，观察、体会实际状况，希望在实践的学习过程中激发学生新的思维，提高学生对土壤科学的兴趣。

本书第1章阐述人与土壤的关系，列举了一些田间实例，从实例中能了解土壤的重要性，并将土壤和人作了简单类比来认识土壤，旨在激发读者对土壤科学的兴趣及增加记忆。第 2 章阐述农业土壤的组成，包括土壤质地和结构，以及一些静态物理性质和其特有的现象，介绍了一些田间测定土壤密度的仪器和方法，并强调采样的重要性，此外还介绍了简易非扰动土芯采样方法。第 3 章介绍了土壤水分及其势能的基础知识，土壤水势能的测定及其与作物之间的互相关系。第 4 章从理论角度来探讨水在土壤中的移动，通过质量守恒定律和达西法则导出水在土中移动的通式，并介绍了实地测定水和溶质在土壤中运动时所需参数的确定。第 5 章介绍了土壤水分入渗测定与吸渗率在集水区地表水文中的研究及应用。第 6 章介绍了作物根圈土壤环境改善方法及土壤的可持续利用。第 7 章介绍了填装土柱的方法、蒸渗仪工作原理和渗滤液收集器的安装和使用。

特别感谢内蒙古农业大学的赵胜男、孙标老师给予本书的协助。在此也要特别感谢邹文秀博士、党晓宏老师、Dr. Tim Green、Dr. Sam Indorante、Mr. Kelly Roberson、Mr. Terry Wyciskalla，以及 Delta-T Devices Ltd、Royal Eijkelkamp、METER Group，Inc. 和 Wintex Agro Inc. 等仪器公司提供的照片。

本书若有漏加资料来源，或在编写时考虑不周之处，谨此致歉并请多多指教，联系邮箱：skc79hi@163. com 或 imaushixiaohong@163. com。

作者

2022 年 7 月

目录

第 1 章 认识土壤

1.1 认识土壤的重要性

土壤是地球的“皮肤”，它的重要性是不能被忽视的。《庄子·在宥》中有句很富哲理的话“今夫百昌皆生于土而反于土”。“百昌”即世间万物。简单地说，就是世间万物皆生于土而又归于土。土壤学家 Kellog 在美国农业部 1938 年的年鉴中提到“从本质上说，所有的生命都依赖于土壤，没有土壤就没有生命，没有生命就没有土壤，它们和谐共进（Essentially，all life depends upon the soil. There can be no life without soil and no soil without life；they have evolved together）”。从这些名言中就可以看出土壤与苍穹万物的关联。

但在日常生活中，人们却很少关心土壤，甚至在很多时候不把它当作一回事，在一些常用的成语中就可看出人们对土壤的藐视，例如“视如粪土”“挥金如土”等。由此可以看出，人们认为土壤是没有价值的东西。其实，为了改善民生，促进农业生产，在周围众多环境因子中，人们对土壤所下的功夫可以说是最多的，力度也最大。古希腊历史学家色诺芬曾说过：“欲成为一位成功的农夫，首先必须了解您的土壤。”基于此，下面从农业生产的角度用三个实例来说明认识土壤的重要性。

1.1.1 以土壤质地为例

在维护草坪时，往往在开春之前会在草坪里喷洒一些芽前除草剂（Pre-emergent Herbicide)，以减少杂草的生长。遗憾的是，往往在喷洒完除草剂的两三个星期后，有些草坪中的草会出现枯黄甚至死亡的状态（图 1.1)，但在同一片草坪中，有些草却生长得非常翠绿、健康。

图 1.1　砂土草坪出现枯黄的现象

为了了解其原因，在枯黄和没有枯黄的草坪中分别采取土样进行分析，结果发现前者根系层中的泥土含砂量远高于后者，因此怀疑枯黄现象与土壤的质地有关，为了进一步证实，在温室中做了试验。试验中根系层的土壤以不同比例的砂土（Sand）和粉壤土（Silt Loam）混合，分别放到不同的土壤环境中，然后在土面上喷洒芽前除草剂，喷后三天再播种，结果发现根系层含砂量越高的泥土，草籽的发芽率越低，之后的植被率也表现不良。相对地，粉壤土含量越高的根系层，草的生长很茂密，如图 1.2 所示。

造成上述现象的主要原因是粉壤土的比表面积（Specific Surface Area）比砂土大，对农药吸着力较强，在种子开始发芽长根时，所施的农药大都被粉壤土所吸附，而含砂量多的泥土则相反，大部分的农药集中黏着在草根或新发的芽上，因而导致幼苗枯亡。由这个简单的例子可以看出，即使在施洒农药时也得先了解土壤的状况。

1.1.2　以土壤结构为例

大豆原产于我国，在 1765 年引入美国（Hymowitz 等，1983），首植于佐治亚州萨瓦纳（Savannah，Georgia）附近，如今美国的中西部是大豆生产的重要地区。每年夏季，在公路两旁常可看到无边无际、绿油油的大豆田。但到了大豆开花的季节，特别是仲夏，若气温稍微偏低，在土壤潮湿的情况下，农田中就会出现一片片的大豆渐渐枯黄。近距离观察可看到黄色的大豆叶在叶脉间的部位开始干枯，最后掉落而导致整棵大豆死去，这种病害就是

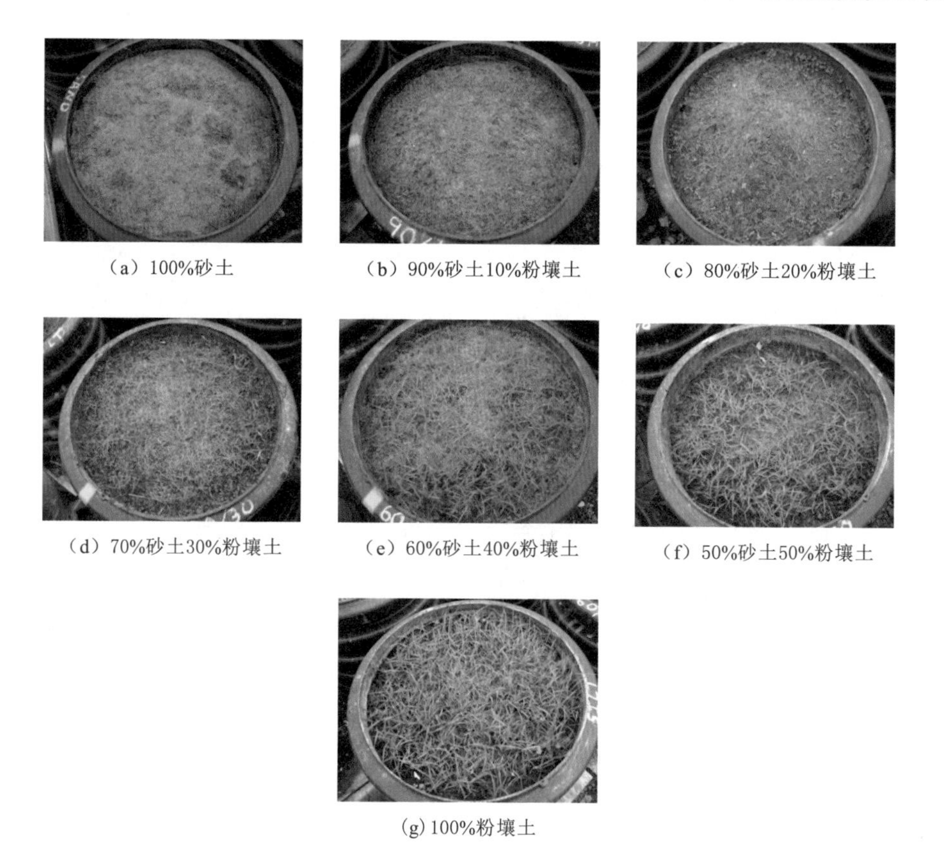

（a）100%砂土　（b）90%砂土10%粉壤土　（c）80%砂土20%粉壤土

（d）70%砂土30%粉壤土　（e）60%砂土40%粉壤土　（f）50%砂土50%粉壤土

(g) 100%粉壤土

图 1.2　施洒芽前除草剂对剪股颖草生长的影响

大豆猝死症（Soybean Sudden Death Syndrome，SDS）（Luo 等，2000，2001；Vick 等，2003，2006；Varsa 等，1997）。

学者们常常发现大豆播种得越早，猝死症（图 1.3）发生的概率就会越大，特别是在雨水充沛、温度不高的季节，出现的时间大约是在开花期，病害出现的地区没有一定的规律，除了在低畦及土壤比较肥沃的田区之外，有些地势较高或沿着田边四周都经常可以看到。

大豆猝死症最早出现在美国的阿肯色州（Arkansas），并已蔓延到美国中西部的十几个州，远到加拿大南部。每年美国大豆因猝死症病害所引起的经济损失都在千万美元以上。造成此病害的主要原因是茄病镰刀菌（Fusarium Solani）。茄病镰刀菌是一种土传病害（Soil-Borne Disease）。此腐根菌主要寄生在大豆的主根（Taproot）上，特别是根冠（Root Crow）部分，最后导致作物死亡。

（a）大豆未开花

（b）大豆开花季节

（c）近距离观察大豆落叶

（d）大豆落叶死亡

图 1.3　由茄病镰刀菌所引起的大豆猝死症

为了了解茄病镰刀菌的发生，农业及土壤专家不仅在实验室、温室做了各种研究，甚至在田间做了长期的试验和观察，并实地在大豆根圈（Rhizosphere）中采集了许多可能激发此病发生的各种因子，其中包括土壤的物理、化学以及生物等性质，还包括对根系层中的温度和二氧化碳含量作定期采样分析，希望能找出激发此病菌发生的原因和防治方法 。大豆猝死症试验田位于伊利诺伊州（Illinois）51 号公路附近。此试验田面积为 120m ×120m，共设 144 个测点，如图 1.4（a）所示，图 1.4（b）为该试验田地势图。图 1.4（c）为茄病镰刀菌所引起的叶面病况指数（Foliar Disease Index），数值越高，病况越严重，大豆产量就越低，如图 1.4（d）所示。

经过三年的数据分析，其结果显示大豆猝死症的出现和土壤中的大孔隙率有关（图 1.5）。换言之，根系层的大孔隙率越小，大豆猝死症的发生概率

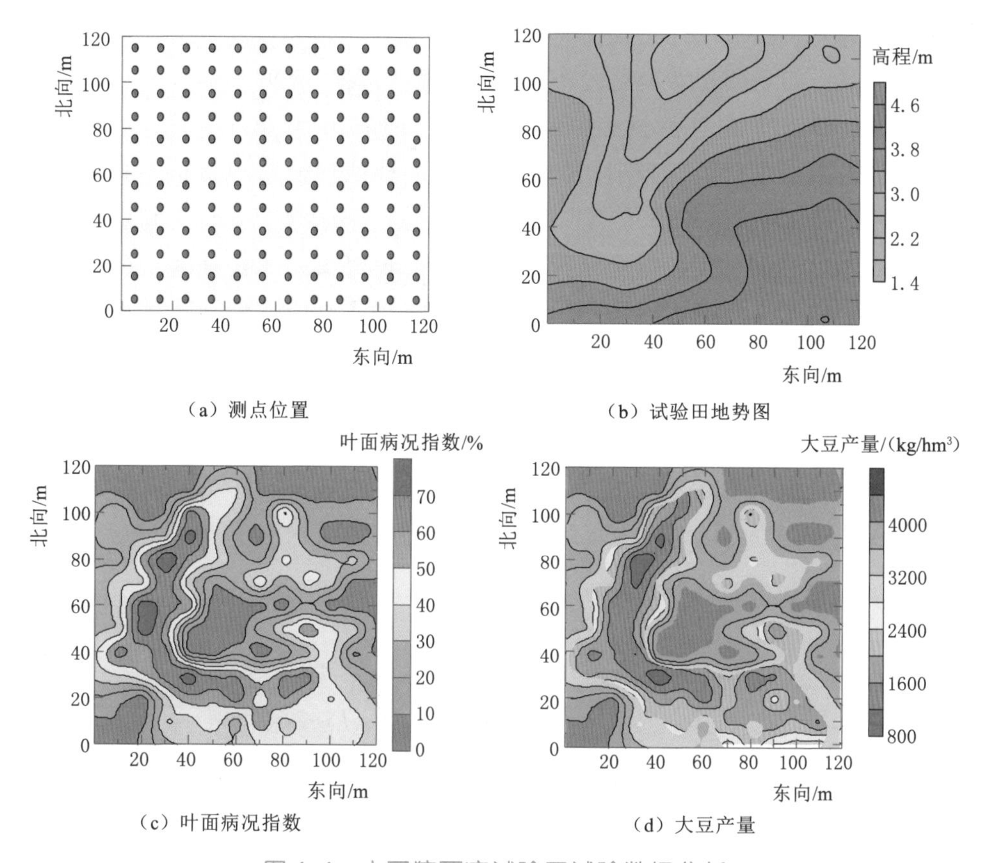

图 1.4 大豆猝死症试验田试验数据分析

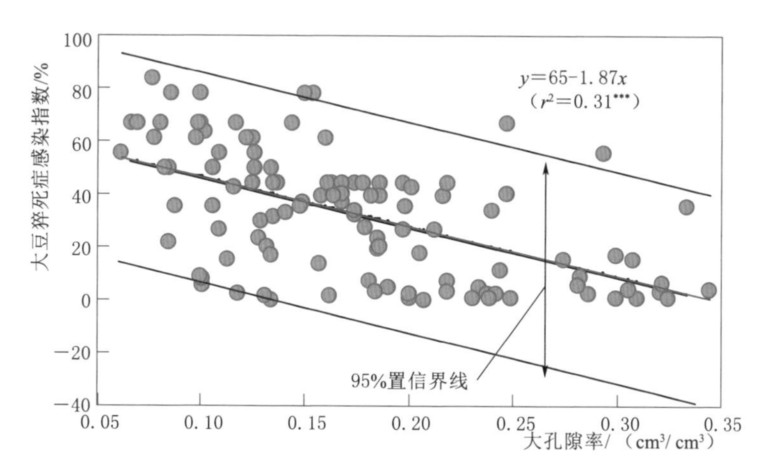

图 1.5 大豆猝死症的发生和土壤中的大孔隙率成反比

就越大，即病害很可能与土壤排水及透气性（Soil Aeration）有关。

为了进一步证明土壤的孔隙与大豆猝死症的发生有关，学者们在田间做了个试验，试验是在一片过去三年从未耕过的农田（No-Till Soil）中进行的。试验对土壤进行了三种不同的处理：第一种处理是农地维持不耕，第二种为浅耕（耕深小于 10cm），第三种则为深耕（耕深为 45cm）。利用长期没耕过的农田，原因是根系层多年受夯，土壤比较密实；浅耕是为了减少农民的负担，节省开支，希望能在不须具备特殊农具下也能达到深耕的效果；深耕的目的是希望能使土壤松软，增加根系层中的大孔隙。在这三种不同处理的情况下，对同时间同品种的大豆进行比较，观察结果。

虽然犁耕农田无法根治大豆猝死症，但这三种处理的结果显示，无论是浅耕或深耕都能减少病害的发生（图 1.6）。利用浅耕降低大豆猝死病害的方法已被广为采用。这个例子不仅可以说明土壤结构对作物病害有影响，也说明在治理作物病害时需要了解土壤的状况。

图 1.6　大豆猝死症在深耕田与未耕田的对比

值得一提的是，大豆猝死病害常出现在土壤潮湿、温度较低、空气不流通的地区，而这种根圈状况又恰好是促使化肥或农药降解的最佳条件，因此不得不让人联想到农药和化肥的使用与此病害关联的可能性，因此为了进一步寻找“病因”，可以从农药和化肥着手。其原因一是大豆原产于我国，但我国至今尚未发现任何有关大豆猝死症的报道；二是在美国，大豆自 19 世纪初期就开始大量种植，但直到 19 世纪 60 年代才发现此病害。19 世纪 80 年代中期在南美洲的巴西（Brazil）和阿根廷（Argentina）以及 19 世纪 90 年代初期在北美洲的加拿大（Canada）也相继出现了此病害的报道。

农药的使用始于19世纪40年代，而大豆猝死症在使用农药20多年后才出现。或许农化物在多年的累积下，不利于土壤中某些微生物的生存，当根圈生态不能达到平衡或共生条件遭到破坏时，最终导致茄病镰刀菌在根圈中占尽优势，最后转移攻击大豆。

1.1.3 以大数据为例

由于科技的进步，现在很多有关土壤的资料都可以在网上获得，例如土壤转换函数（Pedo Transfer Functions）（Bouma，1989）就是由大量的土壤质地数据推导出来的。土壤转换函数可以利用一些比较简单、容易测得的土壤性质来预测其他复杂的、不易测得的土壤特性，特别是土壤的水文性质。譬如 Briggs 和 McLance（1907）利用土壤质地估算土壤凋萎系数（Wilting Coefficient）就是一个典型的例子。测定土壤凋萎系数，除了需要有特定的仪器之外，其测定过程也不易控制，而且非常耗时，常常会出现误差。相比之下，利用土壤质地预测的方法不但简单，过程也稳定，而且很省时。根据 Briggs 和 McLance（1907）的研究结果，他们认为土壤凋萎系数可以用土壤的质地来推导，即

$$\text{土壤凋萎系数}=0.01\text{Sand}+0.12\text{Silt}+0.57\text{Clay} \quad (1.1)$$

式中：Sand、Silt、Clay 分别为砂粒、粉粒和黏粒土壤粒级（Soil Separate）的百分比。

从式（1.1）可知，土壤质地越细，对土壤凋萎系数的影响就越大。但是 Briggs 和 McLance 的推导公式是否能适合所有土壤，还是值得大家思考。

为此，不妨利用美国夏威夷（Hawaii）的两种土壤来说明式（1.1）是否适合所有土壤。这两种土壤数据取自美国夏威夷大学的一篇博士论文（Ahmed，1965），其中土样 A 取自莫洛凯岛（Molokai Soil），土样 B 取自卢阿卢阿莱（Lualualei Soil），两种土壤粒级分布和容重见表1.1，外观如图1.7所示。

表1.1 土样 A 和土样 B 的质地分析结果

土　样	土壤粒级分布/%			容重/(g/cm³)
	砂粒	粉粒	黏粒	
土样 A	0.1	14.4	85.5	1.3～1.5
土样 B	3.4	40.3	56.3	1.3～1.5

（a）土样A（Molokai Soil）

（b）土样B（Lualualei Soil）

图 1.7　土样 A（Molokai Soil）与土样 B（Lualualei Soil）外观

把表 1.1 中的数据分别代入式（1.1），可以得到这两种土样的土壤凋萎系数，分别为

土样 A　　$0.01\times0.1\%+0.12\times14.4\%+0.57\times85.5\%\approx50.5\%$

土样 B　　$0.01\times3.4\%+0.12\times40.3\%+0.57\times56.3\%\approx37.0\%$

由于两种土样的黏粒含量不同，所以土样 A 的凋萎系数比土样 B 大，从数学的角度来看，这个结果是合理的。而且论文中土样 B 的土壤凋萎系数实测值为 36.0%，与式（1.1）计算出来的结果相当吻合。但土样 A 的土壤凋萎系数实测值为 17.8%，与式（1.1）的计算结果差异很大。造成这种差异是因为土样 A 是 Molokai 系列（Molokai Series）[极细，高岭土，等高热型，典型的高岭土（Very-Fine，Kaolinitic，Isohyperthermic Typic Eutrotorrox)，属于 1∶1 的高岭土（Kaolinite Clay)]，而土样 B 是 Lualualei 系列（Lualualei Series）[精细，蒙脱土，等温型，典型石膏岩类化合物（Fine，Smectitic，Isohyperthermic Typic Gypsitorrerts），属于 2∶1 的蒙脱石类（Montmorillonite)]，1∶1 高岭土和 2∶1 的蒙脱石特性将在第 3 章详细说明（USDA Soil Survey Staff，2009)。

Molokai 土是非常典型的热带地区承受高度风化淋溶的氧化土（Oxisols)，虽然它拥有 85.5%的黏粒，但此类土的比表面积小，可塑性和内聚性很低，不会湿胀干缩，因此它具有强大的团聚作用和导水能力，但保水能力很差。而 Lualualei 土却刚好相反，它的结构稳定性非常脆弱，但保水能力非常强。

此外，Briggs 和 McLance 当年推导土壤转换函数时，所用的数据可能大部分来自属于 2∶1 的蒙脱石类土壤。所以式（1.1）土壤转换方程对 Lualualei 土会比较适合，而对 Molokai 土则有所偏差。

显然，在没有充分认识土壤或土壤转换函数之前，光凭其质地的分析结

果是无法得到可靠答案的。

1.2 土壤的组成

土壤圈是指地球陆地上最表面的一层，它是大气圈（Atmosphere）、岩圈（Lithosphere）、水圈（Hydrosphere）及生物圈（Biosphere）相互作用的产物（图 1.8），各圈之间彼此动态交互，其关系错综复杂。

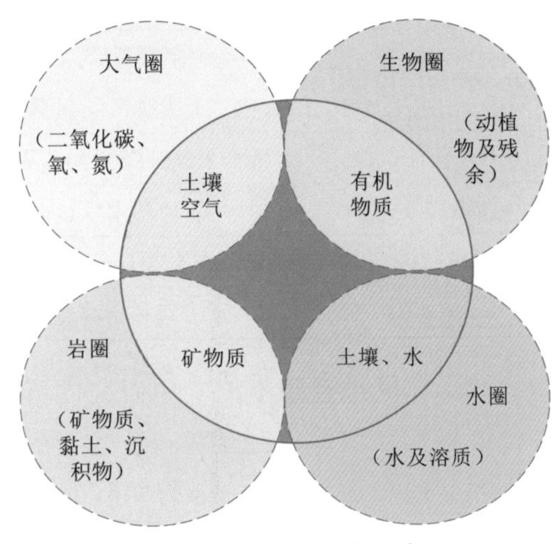

图 1.8 土壤圈组成示意图

对不同行业的人来说，土壤的作用是不相同的。对农业、林业和牧业来说，土壤是生物质生长的媒质，是支撑一切生物质的营养库；对工程人员来说，土壤是公路或建筑的基础；对开矿或打井的工作者来说，土壤或许是个障碍；对环境或水文学者来说，土壤是储存和调节雨水的介质，帮助保持水土，而且土壤的过滤功能可以净化水和空气，保护环境，充当碳库；对生物学家来说，土壤是物种和基因等多样性存库及生物栖息地，也是人类和人类活动的物质文化环境、原料来源、地质和考古遗产档案（Brady 等，2008；FAO 和 ITPS，2015）。

但是不管从哪个角度看，人类的一切，包括衣、食、住、行都离不了土壤，没有了土壤，就没有了生命。

1.3 土壤学的研究范围

土壤学的研究大致上可分为两大类。一是着重于土壤的基本研究（Fundamental Study)，以土壤本身为主，包括它的来源、生成、化育、组成、特性、形态、分类及分布等；二是着重于土壤的实用研究（Practical Study），包括土壤与作物的关系、基础工程、工业原料应用（如砖、瓦、地板、瓷器）、水土保持、土壤改良与保育等，具体分类见表 1.2。

表 1.2 土壤学的研究分类

基本研究(Fundamental Study)	实用研究(Practical Study)
土壤生育(Soil Genesis)	土壤肥料(Soil Fertility)
土壤形态学(Soil Morphology)	土壤管理(Soil Management)
土壤生态学(Soil Ecology)	土壤改良(Soil Reclamation)
土壤分类学(Soil Classification)	土壤水土保持(Soil and Water Conservation)
土壤物理学(Soil Physics)	土地利用(Land Utilization)
土壤化学(Soil Chemistry)	土地调查与分类(Soil Survey and Classification)
土壤微生物学(Soil Microbiology)	森林土壤(Forest Soil)

近年来，土壤学的基本研究已经跟不上实用研究的脚步。原因是土壤的基本研究需要很多先进的科技和仪器，在经费和技术上受到限制，而且基本研究需消耗大量的精力和时间。除此之外，年轻一代对土壤学的基本研究缺乏兴趣，这也是当今土壤学基本研究最大的困境。

关于土壤学的实用研究，由于与人们的生活息息相关，例如人们为了提升生活质量，对健康保养、有机食品、环境保护，对重组土壤和根圈环境的研究都是极为重视的。因此，实用研究往往与时俱进。但是为了满足作物生长及栽培者的需要，应当进行分工研究，使研究范围涵盖得更广，使研究方法和结果更为精细化。

1.4 农业土壤的研究重点

农业土壤主要是研究与作物相关的水、肥、气、热四个因子，如图 1.9 所示。因为养分的转化和循环会影响土壤本身的肥力和生产力，从而影响作物的生长、产量和质量。

土壤是一个十分复杂的系统，它由固相、液相和气相物质及各种有机体组成。其中土壤固相由矿物质和有机物质组成，是一个分散和多孔的体系。

在一般正常耕作情况下，土壤固相除了有机物质之外的矿物质的变化不会太大，但是土壤中气体和水的移动及其含量往往会随着时空和环境的影响而异。土壤中水分的含量和移动会牵动土壤中空气的改变，而空气和水在土壤中的改变又与土壤结构有着密切的关联。

所以，在土壤的“三相”（即固相、液相和气相）中，水的变动对气、肥和土壤温度的影响最大。因为任何作物营养或物质的转化（Transformation）、保存（Conservation）与移动（Transportation）全都受水的控制，所以土壤物理学家对土壤水的研究下的功夫也最多。

土壤中水、肥、气、热四个因子的相互关系非常复杂，彼此间相互牵制，但是都会受到土壤中水的移动及其含量的支配，因此在这四个因子中，水对土壤的影响最为重要。

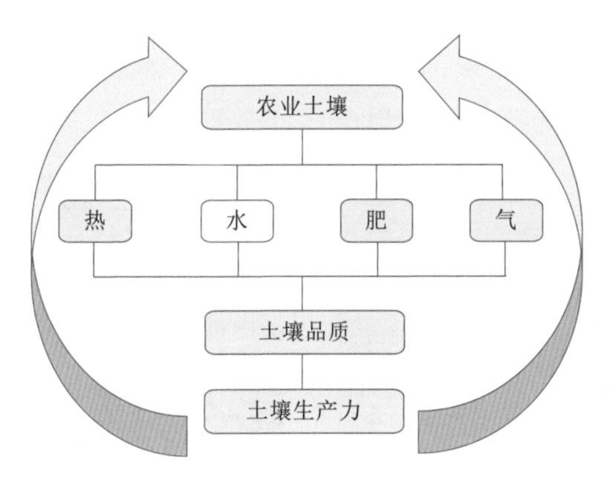

图 1.9　农业土壤研究中的四个因子

1.5　如何认识土壤

其实土壤与人极为类似，人有不同的肤色，土壤也有不同的颜色，人有高矮胖瘦，土壤的土颗粒不仅有大小粗细，其土层还有深浅厚薄。人会因不同的缘由相聚在一起，而土壤呢？也是由大小不同的土颗粒聚集在一起，构成小团粒，再由小团粒组成大团粒，从团粒结合而成土层，再由不同的土层形成整个剖面，再由“面”拓展成“体”。同样的，很多寸草不生的地方，若把土壤中的水、肥、气、热做适当调整，不仅能改变它的肥力和生产力，滋养众生，甚至还可净化水和空气，美化环境。所以若想认识土壤，就应该把土壤当人看，用老师看学生的心情来观察，用医生看病人的“望、闻、问、切”方法去了解，其中包括：①颜色（Color）；②气味（Odor）；③血亲（Consanguinity）；④籍贯（Place of Origin）；⑤年龄（Age）；⑥重量（Weight）；⑦性别（Gender）；⑧个性（Character）；⑨财富（Wealth）。

1.5.1　从颜色上认识

土壤和人一样，具有不同的“肤色”（颜色）。土壤的颜色往往随着所含矿物质的不同和有机物质的含量而异。由长石类、石英、碳酸钙、硫酸钙及可溶盐类组成的土壤的颜色会比较淡，而由铁、锰和有机物组成的土壤的颜色会比较暗或深。即使所含物质相同，在不同水分含量下，土壤的颜色也会不同。此外质地的粗细，也能因光线反射而呈现出不同颜色。一般而言，水分增加或质地变粗均有加深颜色的感觉。如图 1.10 所示，白色沙滩为夏威夷欧阿湖岛（Oahu）西北岸的 Mokuleia 沙滩，而新西兰北岛的 Muriwai 沙滩的颜色与众不同，为不常见的黑色。

（a）Mokuleia白色沙滩

（b）Muriwai黑色沙滩

图 1.10　白色沙滩和黑色沙滩

一般来讲，土壤的颜色对作物的生长没有太大或直接的影响，但实际上，深色或暗色的土壤对作物的生长有间接的影响，因为深色或暗色的土壤吸收热能比较强，特别是在开春播种时期，对种子发芽和幼苗根系发展会起一定的作用。此外，在普通的农田或耕地里，有机物质的含量越高，其土壤的颜色就越深，保水能力也越强，进而土壤的微生物含量高，肥力也大。不同的土壤因其矿物质和有机物质的含量不同，所呈现出来的颜色也不同（图 1.11）。

园艺学家也常常利用不同颜色的土壤进行庭院设计，比如在高尔夫球场

图 1.11 不同颜色的土壤

建造沙坑（Bunker）时，相比其他颜色的沙，白沙往往会把绿油油的草坪衬托得更赏心悦目，让人心旷神怡（图 1.12）。

（a）黄沙

（b）白沙

图 1.12 不同颜色的土壤在庭院设计中的效果

此外，还可以用土壤的颜色来辨别该地区的水文状况，一些常年积水或排水不良的土壤通常呈现暗灰色，但地势较高的土壤，其颜色往往比较亮丽，这是因为高地排水好，土层中的空气流畅，土中矿物质受氧化而具光鲜色彩。

1.5.2 从气味上认识

世界上有很多东西往往未见其“形”，而先“闻”其味。土壤亦然，土壤的气味与土壤中的空气组成有密切的关系，土壤气味的浓淡度还会受土壤中水分含量的影响，这在制造堆肥的过程中，最为明显（图 1.13）。土壤潮湿时除了不同的矿物质因化学作用释放出不同的气味之外，其他比如氨化作用、有机质分解、硝化作用，还有一些生物或微生物在土中的活动也可能产生不同的气味。此外，有些地区因长年积水或排水不良，土层因缺氧而释放出不同的气味，所以土壤气味有时会被用作土屑空气流通性或排水功能辨别的指标。

（a）落叶堆肥

（b）家畜粪便堆肥

图 1.13　不同土壤具有不同气味

1.5.3　从血亲上认识

提到血亲，大家都会想起遗传和人种的问题。其实土壤也不例外。影响土壤的组成有五大因素（Brady 等，2008）：①矿物母质（Parent Material）；②气候（Climate）；③生物群（Biota）；④地形（Topography）；⑤时间（Time）。从事农业研究的科学家们都很清楚，除了矿物母质之外，在不同环境条件下所育出来的土壤，其物理、化学甚至生物性质都是不同的。

之前提到的 Molokai 土，此类土壤属于高岭土（Kaolinite Clay，以我国景德镇高岭村而得名），由火成岩（Igneous Rock）和变质岩中的长石或其他硅酸盐矿物经风化作用形成。高岭土的结构是由一个硅氧四面体和一层铝氧八面体强力结合组成的 1∶1 型晶体结构，不会膨胀，结构稳定。从火成岩孕育出来的泥土，含有大量的铁铝元素，经风化过程氧化之后，颜色光鲜，如图 1.14（a）所示。

另一种蒙脱土，属于蒙脱石类（Montmorillonite，是在玄武岩和火山灰的崩积层中形成。蒙脱石类土壤结构是由两个硅氧四面体夹一层铝氧八面体组成的 2∶1 型晶体结构，和高岭土相比，它有较高的离子交换容量、吸水和膨胀能力，若与水接触，土颗粒就会瓦解，如图 1.14（b）所示。

所以不同母质所育成的土壤，其土壤性质也不同。

（a）高岭土

（b）蒙脱土

图 1.14 高岭土和蒙脱土示意图

1.5.4 从籍贯上认识

在日常生活中，每逢遇到陌生人，总会先向人询问，你从哪里来？在观察土壤时，也会首先提出同样的问题。

不同的矿物母质，在不同的环境及气候条件下，所孕育出来的泥土就会完全不同。图 1.15（a）是火成岩在夏威夷半干旱气候条件下育成的土壤，它与在伊利诺伊州南部潮湿森林地带所育成的土壤呈现出不同的光泽度［图 1.15（b)］。

了解土壤的原生地是很重要的。因为我们研究农业土壤的目的就是想将作物和土壤进行“配对”，选出最适合该地区种植的作物。即在天时、地利及人和（包含耕作管理和习俗）的条件下，选出最适合该地区种植的作物。

以在加勒比海（Caribbean Sea）的阿鲁巴（Aruba）海岛为例，在这里的气温长年为 24～31℃，全年降雨的平均天数只有 65 天，年总雨量仅为 460mm。此外，土壤的构成大部分是砂土，并且夹杂着了许多珊瑚礁碎石，非常贫瘠。在这样的土壤条件下，当地农民选择了种植芦荟（Aloe)，利用芦荟制成护肤品、饮料及肥皂等产品，为当地农民增加了经济来源。芦荟种

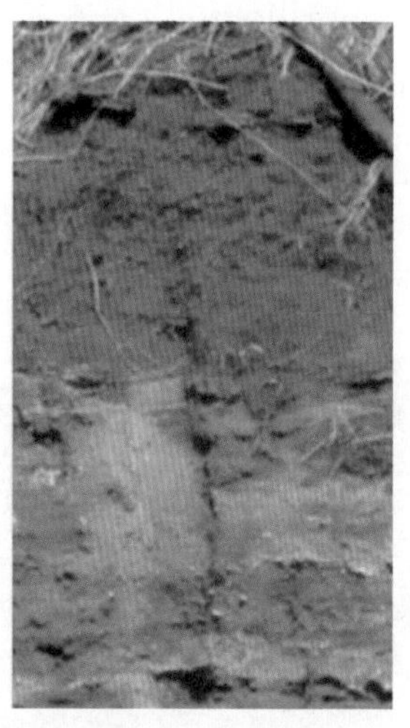

（a）半干旱气候条件下育成的土壤
[夏威夷，欧湖岛，哈罗那喷口
(Halona Blow hole, Oahu, Hawaii)]

（b）潮湿森林地带所育成的土壤
[伊利诺伊州，杰克逊县
(Jackson County, Illinois)]

图1.15 在不同气候环境下育成的土壤

图1.16 芦荟（Aloe）田

植地还成为当地的观光景点之一，既美化了当地的环境，也为当地政府增加了旅游收益。

如图1.16所示，芦荟属沙漠作物，抗旱力强，适宜生长的温度为20～30℃。

为了要“因地制宜”，并且考虑到以后的经营管理可以容易进行，土壤学家按照土壤生成的背景、所含的成分与性质及土壤所在地，按照人类家谱（Family Tree）一样对土壤进行分类。

以美国农业部土壤分类系统为例，其共分为6个纲目，从最广的土纲（Order）、亚纲（Suborder）、大土类（Great Group）、亚土类（Subgroup）、土族（Family）到特定土系（Series），每一个纲目又按不同的气候环境条件、土壤生成过程、育化程度以及分布的地区来命名。截至2008年，美国全国的土壤类别共分成12个土纲，68个亚纲，超过440个大土类，大约2500个亚土类，8000个土族，以及超过23000个土系。

虽然这些土壤分类并不是最终的分类，还会因需要而增加，但是从这些土壤分类中已经可以了解到不同土壤的育成和背景。

1.5.5 从年龄上认识

土壤的年龄并不是指土壤的生成年龄，而是指它的风化或发育程度，类似于人的“成熟度”。假如土壤用生命年限来看，只能算是“再利用”资源（Reusable Resource），而不是“再生”资源（Renewable Resource），这是农业研究的一大挑战和任务（FAO 和 ITPS，2015）。

土壤的年龄可以从土壤分类中的纲别看出端倪，以美国土壤的 12 个土纲（USDA Soil Survey Staff，2009）为例，按土壤生成的五大因素和风化程度来看，“年纪”最小的（即未曾风化或受风化最少）是新成土（Entisols），其次是弱育土（Inceptisols）、新成的灰烬土（或火山灰土）（Andisols）、寒带中的冰冻土（Gelisols）及缺氧且未育化形成土层的有机质土（Histosols）、全球分布面积最大但缺水的旱壤土（Aridisols）、呈黑色且会膨胀及皲裂的膨转土（Vertisols）、黑色松软由草原育出的黑沃土（Mollisols），在潮湿地区常见具有黏土并受淋洗的淋溶土（Alfisols）、潮湿地区且受高度淋洗的极育土（Ultisols）、由森林育化出来具酸性含砂量高并受高度淋洗的淋淀土（Spodosols），以及算是“年纪”最大的热带地区承受高度风化淋溶的氧化土（Oxisols），如图 1.17 所示。

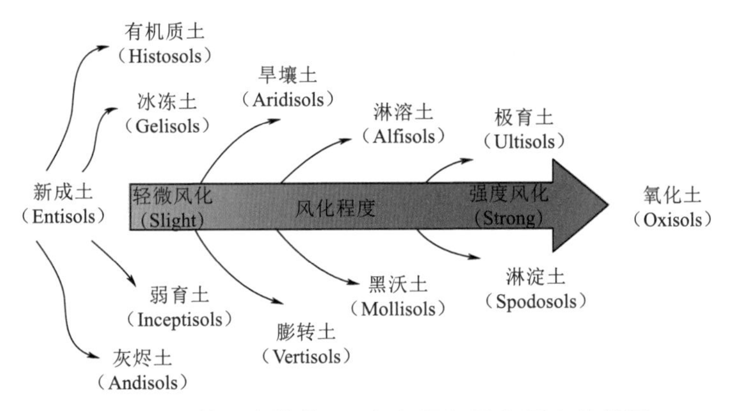

图 1.17 美国土壤的 12 个土纲与风化程度的关系

1.5.6 从重量上认识

人的高矮胖瘦，体形的大小，肌肉结实与否都会影响个人的重量。那土壤呢？是否有轻重之别？其实是有的！土壤的重量分两种。一种是以单位固体实重（不包含孔隙）来衡量，即所谓的真比重。土壤的真比重主要受所含矿物质的影响，所以每种土壤的真比重比较稳定，一般变化不大。不同土壤的真比重不同，从腐殖质的 1.3g/cm^3 到赤铁矿的 5.3g/cm^3（Kohnke，1968）。另一种是以烘干后的土壤单位体积（包含孔隙）计算，即所谓的容重（Bulk Density）。容重除了受矿物质的影响外，往往随着土壤的质地、压实度以及有机物质含量的变化而变化。除此之外，人类的活动、生物（例如蚯蚓）或微生物在土中的活动也会影响土壤的密度和重量。土壤的容重虽然不稳定，但在实际运用上都以容重为指标。

至于土壤是轻点好还是重点好呢？这就得依据土壤不同的用途和目的来确定。对建筑业来说，工程师都希望土壤扎实坚固，成为建筑物可靠的基础。对农业来说，因为夯实的土壤容重大，孔隙少，排水差，因而透气性不佳，不利于作物根系的发展，所以农民都希望土壤疏松通气性佳，成为作物根系发展的“健康温床”。

在土地改良的过程中，土壤化学性质中最重要的是调节土壤酸碱度，土壤物理性质中最重要的则是土壤的容重。最适宜的农业土壤干容重通常为 1.2～1.4g/cm^3。

1.5.7　从性别上认识

人有男女之别，土壤呢？土壤并没有“雌雄”之分，只有“酸碱”性之别。土壤溶液中所含的元素很多（Brady 和 Weil，2008），从作物养分的角度来看，土壤溶液中除包含了作物不可缺少的碳（C）、氢（H^+）、氧（O^{2+}）三元素外，还包含作物所需的大量的氮（N）、磷（P）、钾（K^+）、适量的钙（Ca^{2+}）、镁（Mg^{2+}）、硫（S^{2-}），以及微量的铁（Fe^{2+}）、锰（Mn^{2+}）、氯（Cl^-）、钠（Na^+）、铝（Al^{3+}）、铜（Cu^{2+}）、锌（Zn^{2+}）、钼（Mo^{2-}）。

这些元素都带有“正”或“负”不同的电荷。带“正”电荷的离子称为阳离子，带“负”电荷的离子称为阴离子。其中 Ca^{2+}、Mg^{2+}、K^+、Na^+ 是农业土壤中的盐基阳离子，而 H^+ 和 Al^{3+} 则是农业土壤中的酸性阳离子。

土壤的酸碱度又称土壤反应（Soil Reaction），土壤的 pH 值就是由酸性阳离子中 H^+ 的浓度来决定的，当 pH 值等于 7 时，土壤属于中性；当 pH 值小于 7 时，土壤属于酸性；当 pH 值大于 7 时，土壤属于碱性。

土壤虽然没有“雌雄”之分，但我们可以从土壤的“酸碱”性得知土壤

中大多数离子是属于“阴”性还是“阳”性。

1.5.8 从个性上认识

每个人都会有不同的性格（即我们所说的个性），土壤也不例外。每种土壤都会保留它从矿物母质遗传下来的特性，再加上气候和环境的影响，在长时间的“栽培”下，造就了各种土壤独特的性格。例如1.5.3节中所提到的高岭土和蒙脱土，它们完全不同的特性就是最典型的例子，在此不再展开论述。

1.5.9 从财富上认识

常言道：有土就有财。但此处所说的财富，并不是常言的寸土寸金，而是土壤的肥力及生产力。土壤本身的质地、结构和有机物质的含量，影响根系层中的水、肥、气、热各因子，根系层的厚度、根圈环境，以及土壤所在地的气候环境、地形都是决定土壤肥力和生产力的重要因素。

例如，黑沃土［Mollisols或草甸土，图1.18（a）］土壤肥沃，适合农业生产。内蒙古大青山岭一带多数为丘陵起伏的山地［图1.18（b）］，土壤贫瘠，只能用来放牧。

（a）黑龙江海伦黑沃土（邹文秀博士提供）

（b）内蒙古大青山岭丘陵起伏的山地

图1.18 东北黑沃土与内蒙古大青山岭的土壤比较

参 考 文 献

AHMED S，1965. Effects of adsorbed cations on the physical properties of soils under arid conditions [D]. Hawaii：University of Hawaii.

BOUMA J，1989. Using soil survey data for quantitative land evaluation [J]. Advances in Soil Science，9：177-213.

BRADY N C，WEIL R R，2008. Elements of the nature and properties of soils [M]. New Jersey：Pearson Prentice Hall.

BRIGGS L J，MCLANCE J W，1907. The moisture equivalents of soils [R]. Washington DC：USDA Yearbook，U S Government Printing Office.

FAO，ITPS，2015. Status of the World's Soil Resources (SWSR) -Technical Summary [R]. Roma：Food and Agriculture Organization of the United Nations and Intergovernmental Technical Panel on Soils.

KOHNKE H，1968. Soil Physics [M]. New York：McGraw-Hill Company.

HYMOWITZ T. HARLAN J R，1983. Introduction of soybean to North America by Samuel Bowen in 1765 [J]. Econ Bot.，37：371-379.

LUO Y，CHONG S K，MYERS O，2001. Spatio-temporal analysis of soybean root colonization by Fusarium solani f. sp. glycines in fields [J]. Plant Disease，85：303-310.

LUO Y，HILDEBRAND K，CHONG S K，et al.，2000. Soybean yield loss to sudden death syndrome in relation to symptom expression and root colonization by Fusarium solani f. sp. glycines [J]. Plant Disease，84：914-920.

USDA Soil Survey Staff，2009. Soil survey field and laboratory methods manual [R]. USA：Natural Resources Conservation Service.

USDA (U S Department of Agriculture)，1938. Soils and men [R]. Washington DC：U S Government Printing Office.

VARSA E C，CHONG S K，ABOLAJI J O，et al.，1997. Effect of deep tillage on soil physical characteristics and corn (Zea mays L.) root growth and production [J]. Soil and Tillage Research，43：219-228.

VICK C M，CHONG S K，BOND J P，et al.，2003. Response of soybean sudden death syndrome to subsoil tillage [J]. Plant Disease，87：629-632.

VICK C M，CHONG S K，BOND J P，et al.，2006. Response of soybean sudden death syndrome to tillage and cultivar [J]. Canadian Journal of Plant Pathology，28：77-83.

第2章 农业土壤的组成与性质

如前所述，土壤圈是大气圈（Atmosphere）、岩圈（Lithosphere）、水圈（Hydrosphere）及生物圈（Biosphere）相互作用的产物。在理想的农业土壤中，固体体积（V_s）和孔隙体积（V_p）应各占50%，而土壤孔隙中的水和空气也应各占孔隙体积的一半（图2.1）。

土壤是多孔隙介质，除了固体（Solid）之外就是孔隙（Pore），当土壤完全干燥时，土壤孔隙就被空气充满。当土壤孔隙完全被水所充满时，土壤就成为饱和状态。在旱作农田中，水和空气应同时存在于土壤之中，并且呈现非饱和状态。土壤固体部分包括有机质和矿物质两种（图2.2）。有机质中除了含有不同程度分解后的生物残体（Organic Residues）外，还包括腐殖质（Humus），如微生物代谢（Microbial Metabolites）及抗降解物质（Resistant End Products）等（Brady和Weil，2008）。有机物胶体（Organic Colloids）在农业土壤中扮演着非常重要的角色，因为有机质对土壤结构组成、土壤微生物活性及在保水保肥上都起了极大的作用。为了能有良好的作物根圈（Rhizosphere），人们都希望提高有机质的含量。

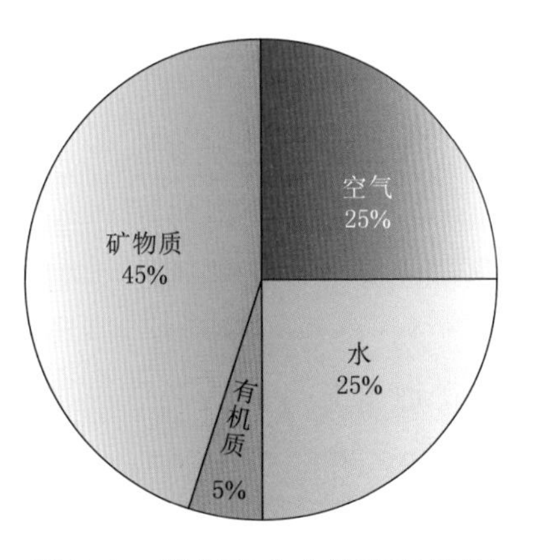

图2.1 理想农业土壤中各物质含量占比

土壤的固体物质大部分是由矿物质（Mineral）组成的。矿物质主要是由于岩石受到不同程度的物理（Physical）和生物地球化学风化（Biogeochemical Weathering）作用后所产生出来的，尽管这些原生矿物经过长时间的风化

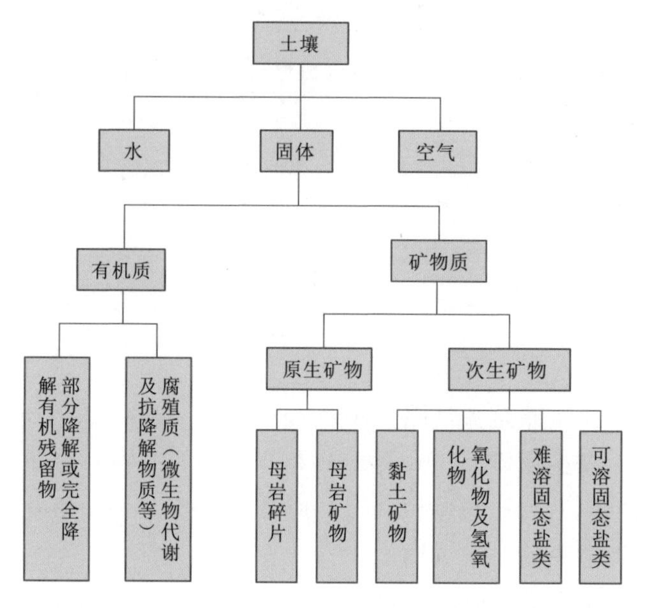

图 2.2　农业土壤组成（图中矿物质部分摘录自赵成刚等，2012）

和成土作用，但其所含的化学成分仍然有一部分未改变或破坏，其中石英（Quart）就是最典型的原生碎片。还有一部分的矿物质则是原生矿物中所含的化学成分，在化学风化或成土过程中遭到分解或破坏后再重新组合而成的次生矿物（Secondary Minerals），它也是土壤胶体矿物质的主要成分。土壤胶体矿物质又可分为晶体硅酸盐（Crystalline Silicate Clays）、非晶体硅酸盐（Non-Crystalline Silicate Clays）及铁铝矿物质（Iron and Aluminum Oxides）等。

2.1　土壤矿物质的组成

土壤矿物质最基本的分子结构（Molecular Building Block）是硅氧四面体［Silicon Oxygen Tetrahedron，图 2.3（a）］和铝/镁八面体［Aluminum or Magnesium Octahedron，图 2.3（b）］。

硅氧四面体由一个硅离子（Si^{4+}）和四个等距离氧离子（O^{2-}）组成［图 2.3（a）］。因为硅离子具有四价正电荷，而周边四个氧离子共有八价负电荷，所以每一个硅氧四面体具有四价负电荷。由于硅氧四面体本身所带负电荷，硅氧四面体底部的三个氧会与相邻硅氧四面体联结，从单一硅氧四面体的点，联结成线，再由线结合成四面体片（Tetrahedral Sheet）。

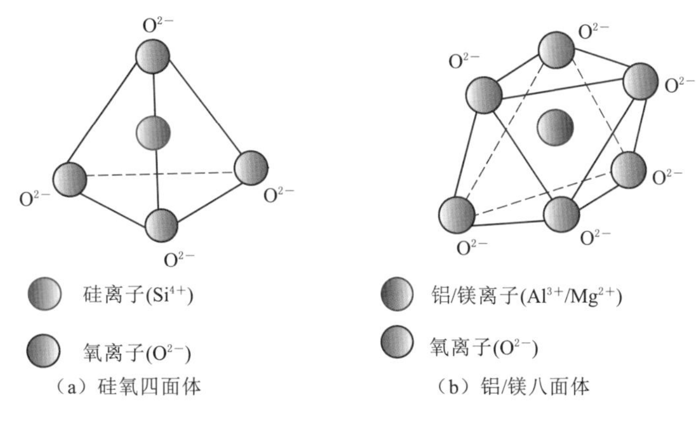

（a）硅氧四面体　　（b）铝/镁八面体

图 2.3　土壤矿物质最基本的分子结构示意图

铝/镁八面体是由六个带负电荷的氧离子［图 2.3（b）］围绕着一个阳离子形成的。此阳离子位居八面体中间，大部分是铝离子（Al^{3+}）或镁离子（Mg^{2+}）。如同硅氧四面体，铝/镁八面体也和相邻八面体由点联结成线，从线结合成片（Octahedral Sheet）。

四面体片和八面体片是土壤矿物质的基础结构，根据它们不同的组叠结果，就形成不同性质晶体黏土矿物质。这些晶体黏土矿物质可主要分成以下三种。

（1）1∶1 非膨胀型（图 2.4）。1∶1 非膨胀型是指一片硅氧四面体和一片铝/镁八面体结合而成的晶胞（Cell Unit）或晶格（Crystal Lattice）。由于此晶胞在四面体部分露出氧离子（O^{2-}），而在八面体却露出氢氧根离子（OH^-），晶胞间是通过 O^{2-} 与 OH^- 联结，紧密结合，不易分开，因此 1∶1 属非膨胀型。此类型最常见的是高岭土（Kaolinite Clay）。

（2）2∶1 膨胀型（图 2.5）。2∶1 膨胀型是指晶胞是由两片硅氧四面体，中间夹着一片铝/镁八面体构成。最常见的两类是蒙脱石（Smectite）和蛭石（Vermiculite）。在蒙脱石类中，如果八面体中的铝被镁置换，会导致大量负电荷的产生，增加吸收阳离子的能力。晶胞上下两边都露出氧离子（O^{2-}），因为 O^{2-} 与 O^{2-} 之间的联结力很弱，水分子很容易进入晶胞之间。此种晶体黏土矿物颗粒小，但是因为连接松散，晶胞与外界接触面积变大，亲水力强，能吸多层水分子而膨胀，属于膨胀型。

蛭石类大部分的八面体中间围绕的是铝离子，但有时候镁离子也会出现在八面体中。不仅如此，四面体中的硅离子也会被铝离子置换，从而增强了

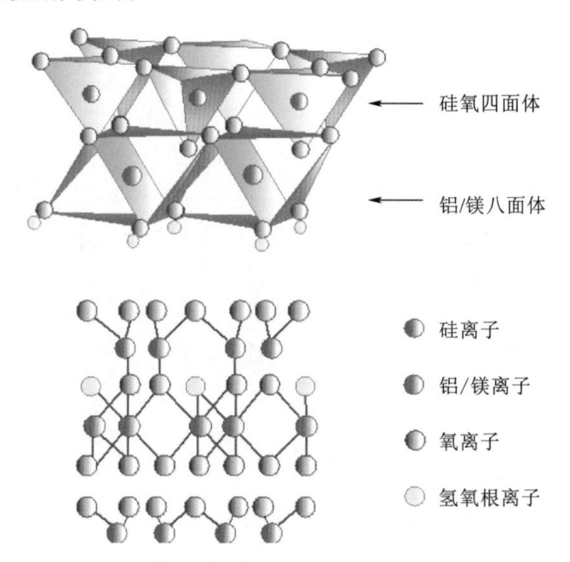

图 2.4　1∶1 硅氧四面体和铝/镁八面体示意图

离子交换能力（Cation Exchange Capacity），因而在晶胞间出现强力吸附水分子和镁等阳离子。这些水分子和镁离子会把晶胞绑在一起，却没有绑得十分紧，晶胞仍然会膨胀。蛭石类的膨胀性较蒙脱石类弱。

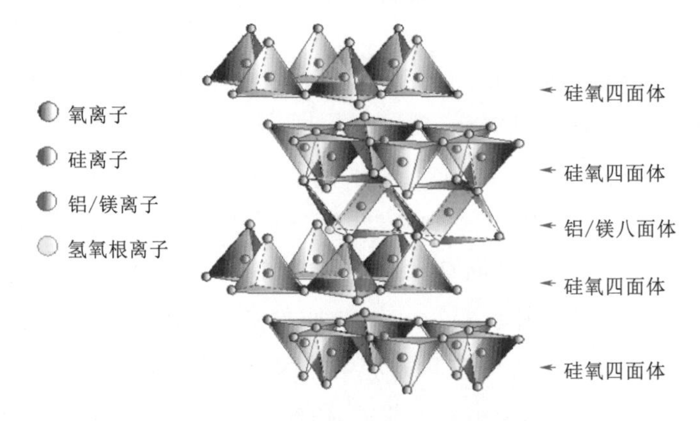

图 2.5　2∶1 膨胀型晶胞组叠示意图

（3）2∶1∶1 非膨胀型（图 2.6）。2∶1∶1 非膨胀型的晶胞结构和蒙脱石中的 2∶1 晶胞结构类似，但晶胞间多了一层钾离子（K^+），常见的类型有细粒云母中的伊里石（Illite）和绿泥石（Chlorites）。造成 2∶1 非膨胀型结构的原因是硅氧四面体中的 Si^{4+} 被 Al^{3+} 或 Fe^{3+} 所取代（约 20% 的四面体）（Brady 和 Weil，2008），而相邻晶胞间的水分子却被钾离子（K^+）所替代，

以补偿晶胞中正电荷的不足（赵成刚等，2012）。晶胞间因 K^+ 离子的联结，其强度在高岭土和蒙脱石之间，属于非膨胀型晶体结构。

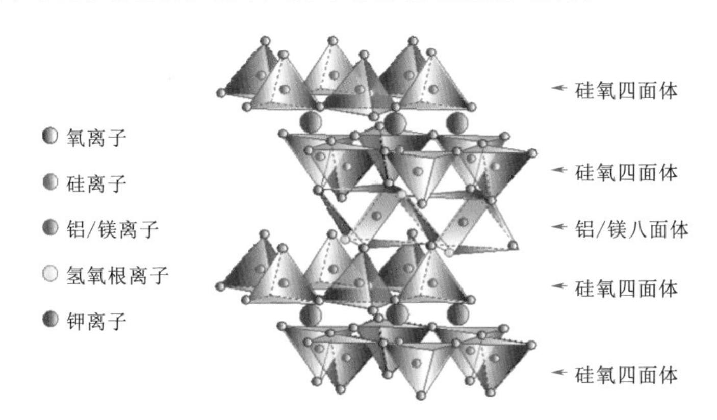

图 2.6　2∶1∶1 非膨胀型晶胞组叠示意图

由于四面体片和八面体片不同的组叠，形成了不同性质的晶体黏土矿物，这对农业土壤的保水保肥性质有极大的影响。

2.2　土壤的质地及其特性

我们可以先熟悉一些在土壤领域中常用的名词。土壤学中常常会提到土壤质地（Soil Texture）、土壤结构（Soil Structure）及土壤粒级（Soil Separate）。

土壤质地是指土壤颗粒的大小。土壤结构是指土粒相互结合成不同大小、不同形状的团粒（Aggregate）或自然土块（Ped）。“Soil Ped ”是指在自然环境下形成的土块，其形状包括屑粒状（Crumb）、棱状（Prism）、块状（Block）或团粒（Granule）。“Soil Clod”则是指人工土块，特别是在耕作过程中形成的土块或团粒（Brady 和 Weil，2008）。土壤粒级按土颗粒的粒径大小分成三级，即砂粒（Sand）、粉粒（Silt）和黏粒（Clay），见表 2.1。分类的目的是不仅能让大家了解土颗粒的粗细大小，也能从粒级的分类中了解到土壤的特性，从而可以在土地管理中做适当的经营和处理。

土壤粒级分类因土地的用途不同分类也不同。例如在美国公路或基础工程上的土壤粒级分类就与农业土壤粒级分类不一样（Das，1989）。在农业土壤粒级分类中主要有两大系统（Brady 和 Weil，2008），即国际土壤学会的土壤粒级分类和美国农业部的土壤粒级分类。这两大系统最大的不同点是在砂粒（Sand）和粉粒（Silt）间的划分，其他的粒级划分则完全相同。这两大系统均以直径2mm作为石砾（Gravel）和砂粒的分界，凡颗粒直径大于等于2mm的均为石砾，小于2mm的为砂粒、粉粒或黏粒，见表2.1。美国农业部的土壤粒级分类如图2.7所示。

表2.1 国际土壤学会和美国农业部的土壤粒级分类

土壤粒级	颗粒直径/mm		土壤粒级	颗粒直径/mm	
	国际土壤学会	美国农业部		国际土壤学会	美国农业部
石砾(Gravel)	≥2.0	≥2.0	粉粒(Silt)	0.002～0.02	0.002～0.05
砂粒(Sand)	0.02～2.0	0.05～2.0	黏粒(Clay)	<0.002	<0.002

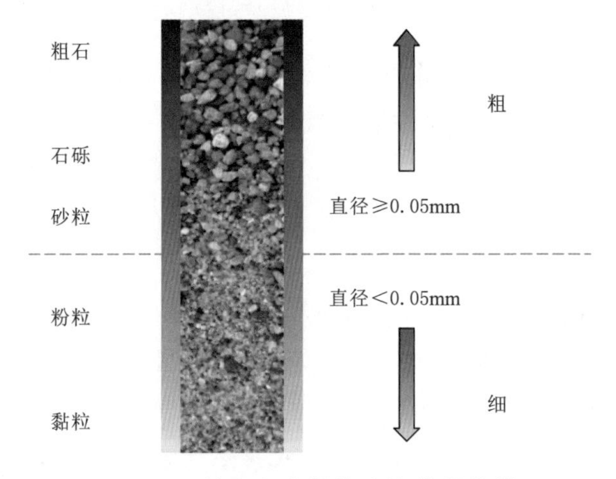

图2.7 美国农业部的土壤粒级分类

2.2.1 土壤颗粒大小与土壤性质

土壤颗粒的大小对土壤中孔隙的大小与分布有极大的影响（Bear，1972；Ghildyal 和 Tripathi，1987），土壤比表面积（Specific Surface Area）也需要重点关注。在自然条件下，土壤因质地所形成的孔隙大小（直径）应该与颗粒的大小成正比。由砂粒所组成的土壤，其孔径会比由黏粒所组成的土壤孔径大，但砂土所具有的比表面积和孔隙率却会比黏土的小很多。在此举例说明比表面积和土壤颗粒大小的关系。

土壤的比表面积可用下列三种方法来表示（Brady 和 Weil，2008；Hil-

lel，1980）：

以土壤的固体体积来表示：A_{sv} = 土颗粒总表面积/土壤固体体积 = A_p/V_s。

以土壤总体积来表示：A_{st} = 土颗粒总表面积/土壤总体积 = A_p/V_t。

以土壤的干重来表示：A_{sm} = 土颗粒总表面积/土壤重量（干重）= A_p/W_s。

在这三种方法中，以土壤的干重来表示最为常见，也最容易测定和了解。假如我们把土颗粒当作正立方体或圆球体来看，其比表面积（与土壤质量或干重比）可用以下方法来计算：

（1）土颗粒若是正立方体。边长为 l，土颗粒总表面积 $A_{psq}=6l^2$，土颗粒体积 $V_{ssq}=l^3$，土颗粒质量 W_{ssq} = 体积×密度 = $l^3\rho_s$，则正立方体土颗粒的比表面积 A_{smsq} 为

$$A_{smsq}=6l^2/(l^3\rho_s)=6/(l\rho_s) \tag{2.1}$$

（2）土颗粒若是圆球体。半径为 r，土颗粒总表面积 $A_{psp}=\pi r^2$，土颗粒体积 $V_{ssp}=\frac{4}{3}\pi r^3$，土颗粒质量 $W_{ssp}=\frac{4}{3}\pi r^3\rho_s$，则圆球体土颗粒的比表面积 A_{smsp} 为

$$A_{smsp}=\pi r^2/\left(\frac{4}{3}\pi r^3\rho_s\right)=3/(4\ r\rho_s) \tag{2.2}$$

很显然，从式（2.1）及式（2.2）中均可以看出土壤的比表面积和土壤颗粒的大小成反比。下面再举例证实土壤质地越细其比表面积越大。

状况一：如果有一个 1cm×1cm×1cm 正立方体的土颗粒，假设它的干重恰好为 1g，如图 2.8 所示。此土颗粒的表面积和比表面积分别为

$$A_{psq}=6\times(1\times1)\text{cm}^2$$

$$A_{smsq}=6\times(1\times1)\text{cm}^2/1\text{g}=6\text{cm}^2/\text{g}$$

状况二：如果把这个立方体的土颗粒切成 8 个同等体积的颗粒，每个颗粒体积为 0.5cm×0.5cm×0.5cm，并且在切割过程中没有损失任何土颗粒的质量，如图 2.9 所示。

每个正立方体小颗粒的表面积为

$$A_{psq}=6\times(0.5\times0.5)\text{cm}^2=1.5\text{cm}^2$$

正立方体土颗粒的比表面积为

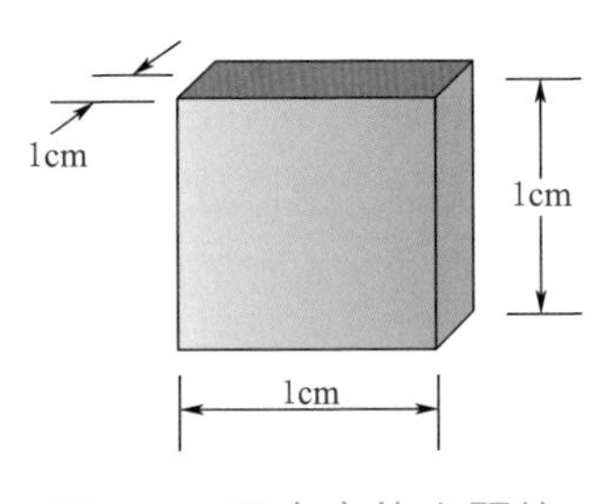

图 2.8 正立方体土颗粒

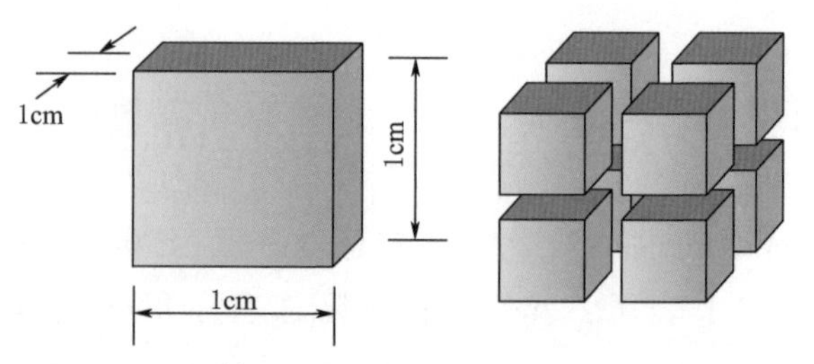

图 2.9　把单一土颗粒切成 8 个相等体积颗粒

$$A_{smsq}=(8\times1.5)cm^2/1g=12cm^2/g$$

状况三：同样的，如果把这个立方体的土颗粒切成 64 个等体积（0.25cm×0.25cm×0.25cm）的颗粒，并且在切割的过程中没有损失任何土颗粒的质量，如图 2.10 所示。

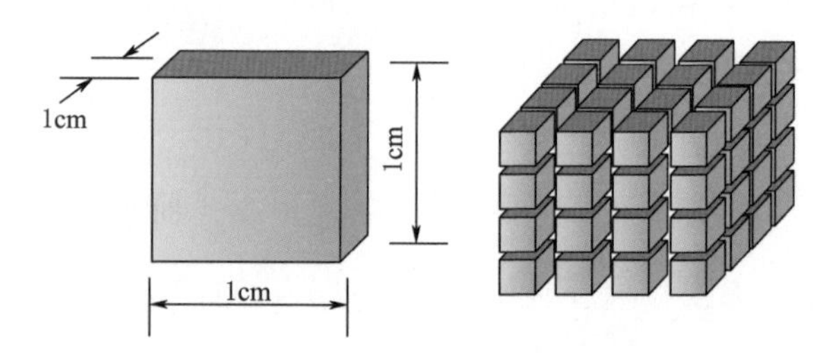

图 2.10　把单一土颗粒切成 64 个相等体积颗粒

每个正立方体小颗粒的表面积为

$$A_{psq}=6\times(0.25\times0.25)\ cm^2=0.375cm^2$$

正立方体土颗粒的比表面积为

$$A_{smsq}=(64\times0.375)\ cm^2/1g=24cm^2/g$$

同样的，如果把这个正立方体的土颗粒切成 512 个同体积（0.125cm×0.125cm×0.125cm）的颗粒，则 512 个小土颗粒的总比表面积应为 $48cm^2/g$。以此类推，就不难看出，在相同重量的土壤中，其土颗粒越细，土壤的比表面积就越大。

在农业土壤中，土壤的真比重 ρ_s 一般设定为 $2.65g/cm^3$。假设筛孔的大小与立方体土颗粒的边长或圆球体土颗粒的直径相等，即 $l=2r$，利用式（2.1）与式（2.2）之比，就可算出两种不同形状土颗粒的比表面积比。

$$\begin{aligned}\text{正立方体土颗粒的比表面积/圆球体土颗粒的比表面积}&=A_{smsq}/A_{smsp}\\&=\text{式}(2.1)/\text{式}(2.2)\\&=6/(l\rho_s)/[3/(4\ r\rho_s)]\end{aligned}$$

因为 $l=2r$，所以结果为 4。

从上述结果可以看出，正立方体土颗粒的比表面积是圆球体土颗粒的比表面积的 4 倍。由此可知，土壤的比表面积除了受土颗粒大小的影响外，还会受土颗粒形状的影响。因此，土颗粒的形状也会对土壤的物理和化学性质，以及土壤中的微生物有影响。比表面积增加时，对土壤与根圈中的水分和养分的保存，作物根系、微生物的寄生以及其他因子［包括吸着性（Adsorption）和离子交换量（Cation Exchange Capacity）］等都有影响。除此之外，土壤颗粒与颗粒间的黏聚性（Cohesion）和附着性（Adhesion）也会影响土壤的性质（图 2.11）。

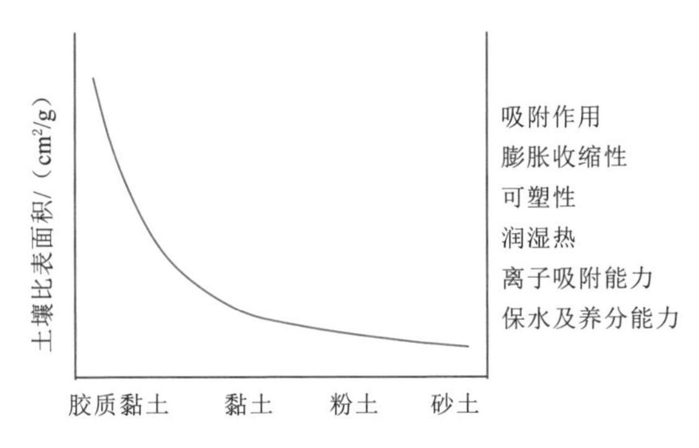

图 2.11　土颗粒的大小对土壤比表面积的影响

为了使研究更加全面，需要考虑土壤粒级中不同晶体黏土矿物的成分。如图 2.12 所示，在各粒级中，土壤所含不同晶体矿物成分的相对比例也不同，从其所含的矿物成分可以看出该土壤的性质。

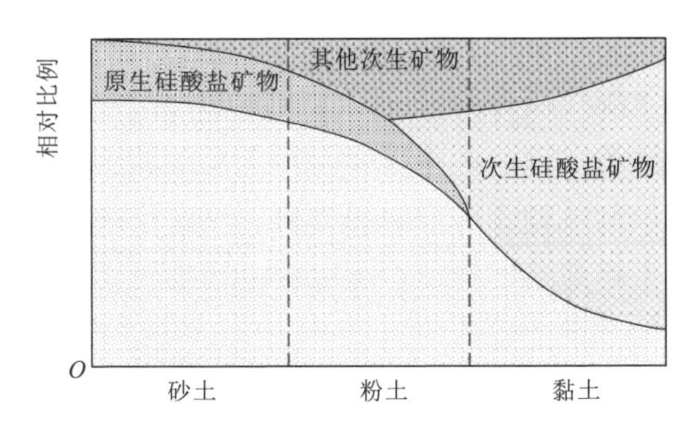

图 2.12　在各粒级中土壤所含不同晶体矿物成分的相对比例（改绘自 Brady 和 Weil，2008）

将一些与农业比较有关系的土壤特性列于表 2.2，并把不同的土壤粒级特性放在一起进行比较。

表 2.2　不同土壤粒级特性的比较（Brady 和 Weil，2008）

特　性	土壤粒级(Soil Separate)		
	砂粒	粉粒	黏粒
主要成分	石英	石英，原生及次生矿物	次生矿物
颗粒直径/mm	0.05～2	0.002～0.05	＜0.002
比表面积/(m^2/g)	＜0.1	0.1～1	10～1000
颗粒形状，球形或不规则	多样，少平扁状	不定	片状，球形
保水及养分能力	低	中至高	高
排水能力	良	中等	差
空气通量	良	中等	差
受夯压缩	低	中等	高
湿胀干缩	低	中等	高
离子交换	低	中等	高

注　颗粒直径按美国农业部分类。

2.2.2　土壤质地分类

任何一种土壤都是由粒径不同的各种土颗粒组成的，任何一种土壤都不可能只有单一的粒级。同时，土壤中各粒级的含量也不是平均分配的，而是以某一级或两级颗粒的含量或影响为主，从而显示出不同的颗粒性质。所以土壤的类型是由各土壤中所含粒级（Soil Separate）百分比的组合来决定的。如何测定土壤的粒级将在下一节中说明，本节重点讲述土壤质地分类。

土壤质地是土壤的一种十分稳定的自然属性，反映了成土母质及成土过程的某些特征，是土壤的基础特征，决定着土壤的很多性质。土壤质地的分类是在土颗粒分级的基础上进行的。

按美国农业部的标准（USDA Soil Survey Staff，2009），土壤的质地可以分为砂土、黏土和壤土。

（1）砂土（Sandy Soils）。砂土是指土壤中砂粒（即颗粒直径在 0.05～2.0mm 之间）的含量必须不小于 70%，而黏粒（直径＜0.002mm）的含量

不得超过15%。为了方便对特定土壤进行管理，又将砂土细分成两种，即砂土（Sandy Soils）与壤砂土（Loamy Sands）。

（2）黏土（Clay）。黏土是指土壤中黏粒的含量至少大于35%，但在通常的情况下黏土中黏粒的含量都不会少于40%。可分为黏土（Clay）、粉黏土（Silty Clay）及砂黏土（Sandy Clay）。黏土和粉黏土中所含的黏粒均在40%以上。

（3）壤土（Loamy Soils）。如果一种土壤既不符合砂土的要求，也没有达到黏土的标准，则将此类土壤归为壤土。壤土再按所含粒级的不同细分成5种：砂壤土（Sandy Loam）、粉壤土（Silt Loam）、粉黏壤土（Silt Clay Loam）、砂黏壤土（Sandy Clay Loam）及黏壤土（Clay Loam）。美国农业部按土壤质地的粗细（由上而下）把土壤共分成12种（表2.3），其中壤土部分细砂含量高，为了方便管理又增加了细砂壤土（Fine Sandy Loam）及极细砂壤土（Very Fine Sandy Loam）两种，但这两种质地名称并未在土壤质地分类三角坐标图上出现（图2.13）。

在确定土壤质地类别时，必须先测出砂粒、粉粒及黏粒在土壤中各粒级所占的百分比，然后再从土壤质地分类三角坐标图（图2.13）中查找该土壤质地的正确分类和质地名称。土壤质地三角坐标图是一个等边三角形，三边分别代表砂粒、粉粒及黏粒。三角坐标图代表砂粒、粉粒及黏粒这三种粒级的百分比总和，也就是说在图中的任何一点三种粒级总和均为100%。各类土壤质地中，砂粒、黏粒和粉粒这三种粒级所占的比例以及它们的比表面积见表2.4（仅供参考）。如何通过土壤质地三角坐标图来确定土壤的质地类别，将在下一节中说明。

表2.3　基本土壤质地分类

名　称	质　地	基本土壤质地分类
砂土	粗	砂土
		壤砂土
壤土	中粗	砂壤土*
		细砂壤土*
	中等	极细砂壤土
		壤土
		粉壤土
		粉土
	中细	砂黏壤土
		粉黏壤土
		黏壤土
黏土	细	砂黏土
		粉黏土
		黏土

注　*为壤土部分

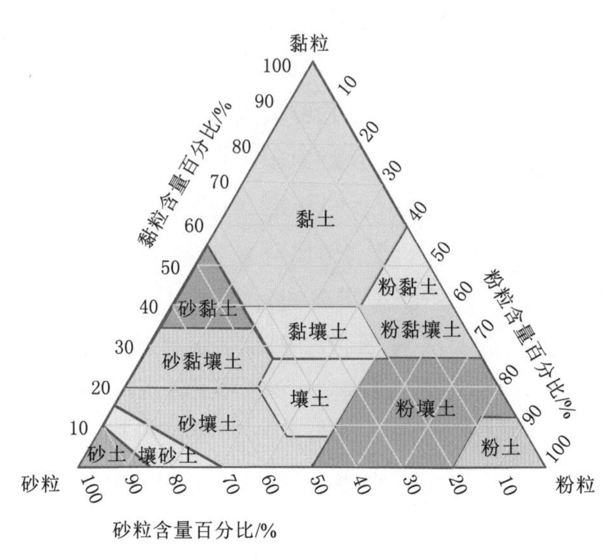

图2.13 土壤质地分类三角坐标图

表2.4 各类土壤质地所包含颗粒的比例和比表面积

名称	质地	基本土壤质地分类名称	含量/%			含量/(%,中点值*)			比表面积/(m^2/g)
			黏粒	粉粒	砂粒	黏粒	粉粒	砂粒	
砂土	粗	砂土	0～10	0～15	85～100	5	5	90	14
		壤砂土	0～15	0～30	70～90	6	10	85	16
壤土	中等	极细砂壤土	0～20	0～50	52～85	10	25	65	30
		壤土	8～28	28～50	22～52	15	45	40	45
		粉壤土	0～28	50～88	0～50	15	65	20	49
		粉土	0～12	80～100	0～20	5	85	10	31
	中细	砂黏壤土	20～35	0～28	45～100	25	15	60	61
		粉黏壤土	28～40	40～72	0～20	35	55	10	92
		黏壤土	28～40	15～52	20～45	30	35	35	77
黏土	细	砂黏土	35～55	0～20	45～65	40	5	55	93
		粉黏土	40～100	40～60	0～20	35	55	10	92
		黏土	40～100	0～40	0～45	60	20	20	141

注 * 中点值是指上下线之间的中点数值。

2.2.3 土壤质地的测定

土壤中所含的土颗粒大小不一，也就是说土壤是由不同粒级的矿物颗粒所组成的。土壤学家为了能更加容易了解各土壤的性质，提出了许多不同的方法来测定土颗粒的分布，并将占不同粒级比例的土壤进行再分类，归纳出各类土壤的通性，以便在土地利用或农业生产中对土壤进行管理。

土壤粒径分析（Soil Particle Size Analysis）也就是土壤质地分析（Soil Textural Analysis），又称土壤机械分析（Soil Mechanical Analysis），其分析方法很多（Brady 和 Weil，2008；Das，1989；Ghildyal 和 Tripathi，1987；Taylor 和 Ashcroft，1972），具体可以参考美国土壤学会出版的《土壤的分析方法》。

在田间最常用的方法是手感法（Feel Method）；而在实验室中，质地粗的土壤可用筛析法（Sieving Method），质地较细的则可利用颗粒在流体中沉淀来测定，包括比重计法（Hydrometer Method）、测锤法（Plummet Method）和吸管法（Pipette Method）。

如今许多精密仪器及先进科技也被应用在粒径分析上，包括光学显微镜（Optical Microscopy）、扫描电子显微镜（Scanning Electron Microscopy）、X射线衍射仪（X-Ray Diffraction）及激光粒度仪（Laser Particle Size Analyzer）等。

在大多数情况下，手感法（Feel Method）、筛析法（Sieving Method）和比重计法（Hydrometer Method）就可以解决许多在土地利用和农业土壤管理上的问题。

1. *手感法*

手感法是完全靠个人的经验和感觉来确定土壤的质地，这虽然不是一种很科学的方法，但美国农业部的土壤调查资料大部分是采用手感法获得结果的，原因是此法简单，只需一瓶水和个人的经验，不需要其他特殊的仪器或设备。

土壤质地主要依据土壤含砂的粗糙性（Grittiness）、黏性（Stickiness）和可塑性（Plasticity）来确定。粗糙感源自于砂粒，用来区分砂土和壤土；用润滑度、黏性及可塑性来确定是黏土还是壤土；如感觉粉状（Floury），则属粉土。

手感法：只需取约一大匙的土样（25～50g）放在掌心，逐滴加水，边捏边揉，如果太干可略加点水，若太湿可稍加干土，揉捏至土壤团粒分散，最后变成类似于嵌装玻璃窗的油灰（Putty）；再把土壤放在掌中紧握，看看是否能形成团状，若成，再用拇指和食指挤压成同宽且均匀厚度，类似于宽面或缎带（Ribbon）的土条。从土团以及所形成的带状土条的长短来决定土样的归属，这就是所谓的手感法（图 2.14）。

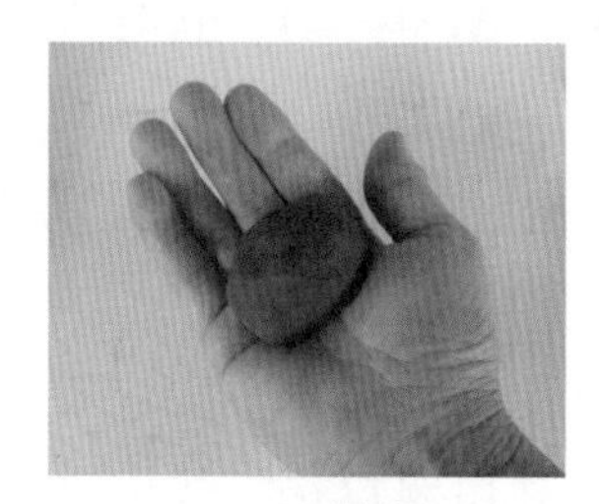
（a）成团

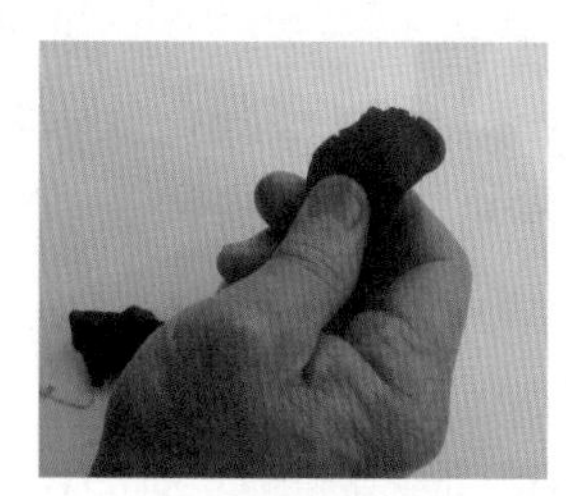
（b）挤压成土条

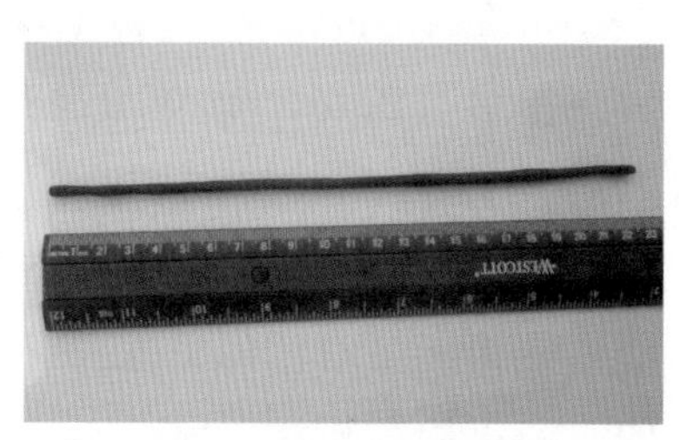
（c）测量土条的长度

图 2.14　手感法步骤

Thien（1979）建议利用如图 2.15 所示流程来确定土壤质地的分类。详细说明可参阅美国农业部发行的《农业部土壤调查手册》（USDA Soil Survey Staff，2009）。

利用手感法分辨土壤质地完全靠个人的感觉和经验，是相当主观的一种方法。但经训练和摸索，久而久之，熟能生巧，就能找到窍门，成为专家。

2. 筛析法

筛析法仅适用于粗质地的砂土，测定所需仪器包括电子天平［图 2.16（a)］、标准筛［图 2.16（b）］、套筛［图 2.16（c)］和振筛器［图 2.16（d)］。

图 2.17 为三种不同的砂土，利用美国高尔夫球协会（USGA）选砂标准套筛［图 2.16（c)］分析，图片中土粒由粗（左）到细（右）共分为 9 级。

利用筛析法测定砂土颗粒分布的步骤如下：

（1）准备一套孔径大小不同的筛，称出每个筛的重量（精确到 0.01g)。

（2）筛按孔径由大到小（筛号越大，孔径越小），由上到下顺序叠好，

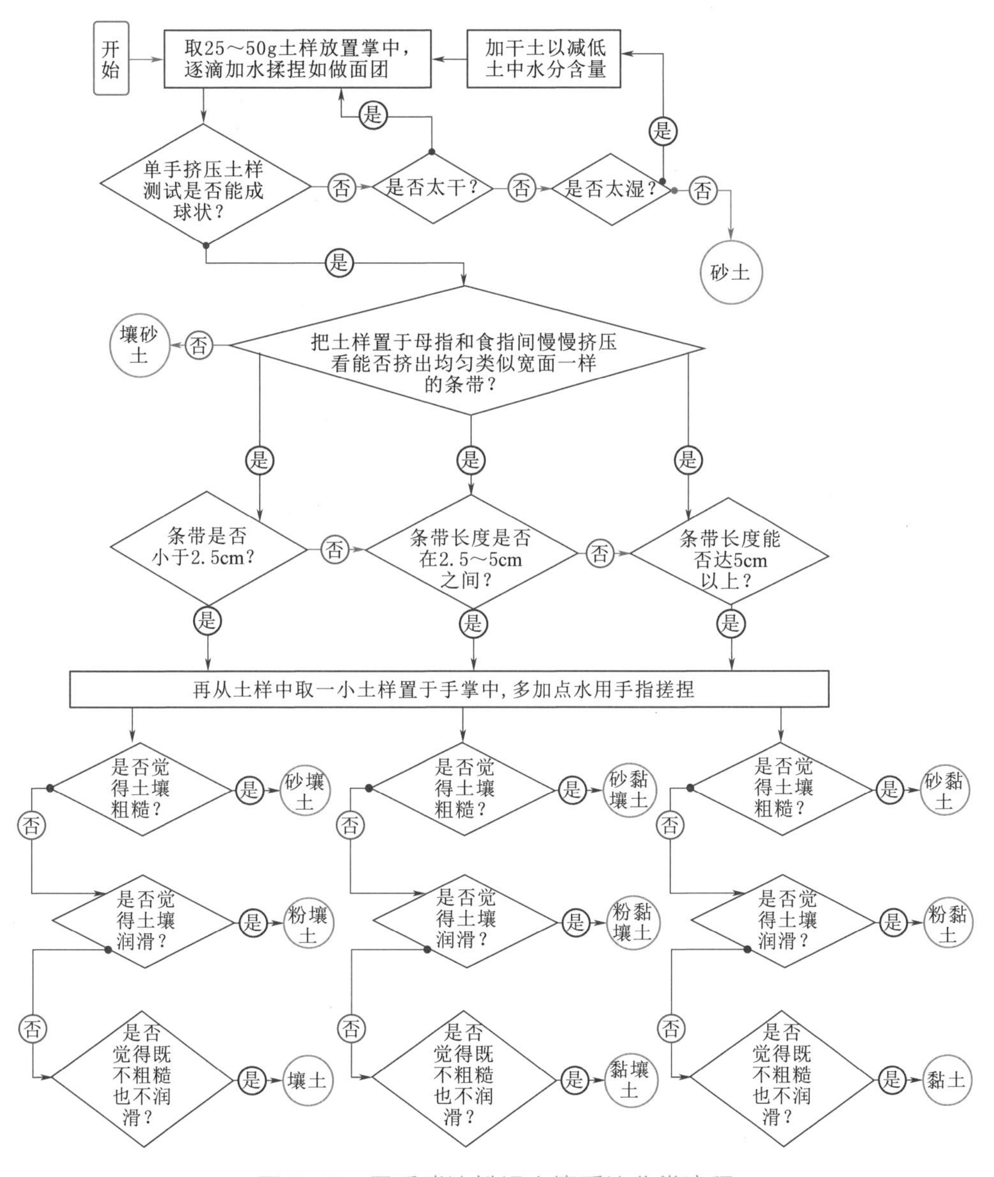

图 2.15 用手感法辨识土壤质地分类流程

放在最底下的是底盘［图 2.16（c）］。

（3）取 200g 烘干土样，倒入最上面的筛，然后盖上盖子。

（4）将整套筛安置在振筛器上［图 2.16（d）］。

（5）启动振筛器，振动 10min 后，再取下所有的筛及底盘。

（6）称出每个筛及底盘和土壤的重量（精确到 0.01g）。

（a）电子天平

（b）标准筛

（c）套筛

（d）振筛器

图 2.16　筛析法所需仪器

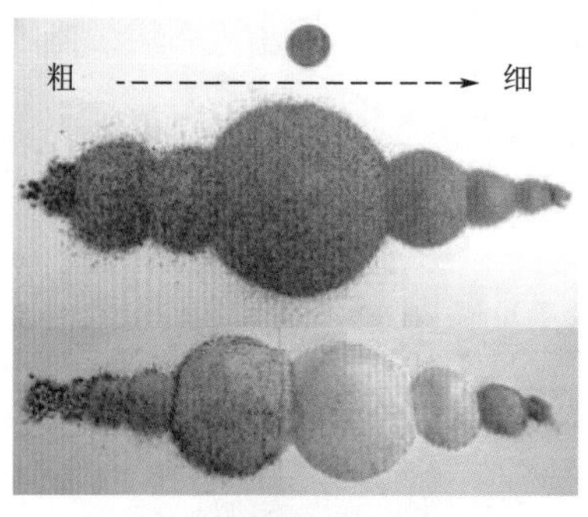

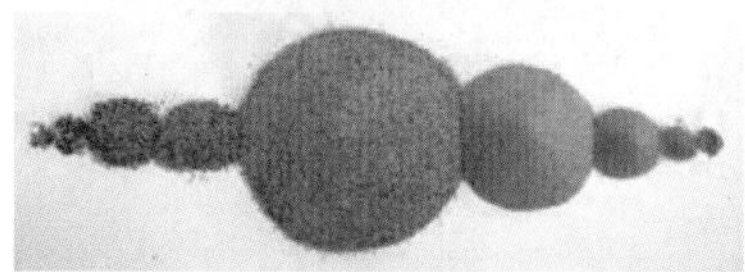

图 2.17　由不同粒级比例所组成的三种砂土

（7）把步骤（6）所得的重量减去各筛重量［步骤（1）］，算出各筛及底盘中所盛的土重（表 2.5 和图 2.18）。

（8）把步骤（7）的结果累加起来，如果总重量与原来的土样（200g）相差超过 0.5%，则试验需要重做。

3. 比重计法

比重计法是根据斯托克斯定律（Stoke's Law）的沉降原理来确定土壤粒径分布（Brady 和 Weil，2008）。在斯托克斯定律中，作了如下的假设：

（1）土颗粒为光滑球形钢体。

（2）所有土颗粒的密度相同。

（3）土颗粒沉降不受流体分子热运动（Brownian 运动）的影响。

（4）土颗粒独立沉降，彼此间互不干扰。

表 2.5　　利用筛析法测定砂土颗粒分布

筛号	筛孔大小/mm	筛重/g	(筛+土)重/g	筛上土重/g	筛上土重百分比/%	筛下土重累计比/%
10	2.000	729.8	730.1	0.3	0.1	99.9
18	1.000	682.2	750.0	67.8	33.8	66.1
20	0.841	680.5	702.7	22.2	11.0	55.1
35	0.500	673.7	722.8	49.1	24.5	30.6
60	0.250	671.5	711.2	39.7	19.8	10.8
100	0.150	591.8	605.0	13.2	6.6	4.2
120	0.124	599.5	601.4	1.9	0.9	3.3
200	0.075	613.2	617.8	4.6	2.3	1.0
270	0.053	368.7	370.8	2.1	1.0	0.0
合计				200.9	100.0	

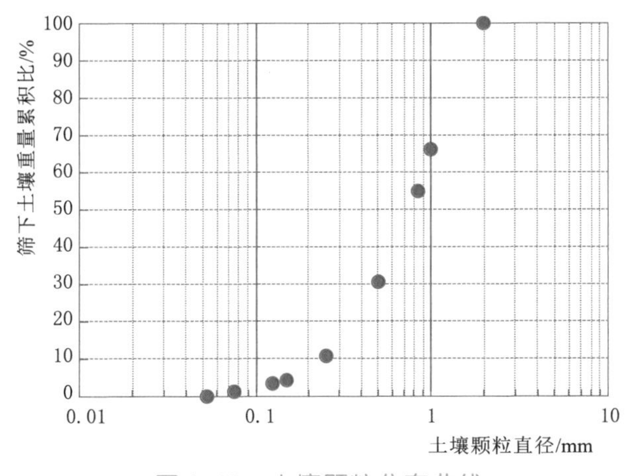

图 2.18　土壤颗粒分布曲线

(5) 土颗粒沉降速度不会出现紊流 (Turbulent Flow) 的现象。

在推导土颗粒在流体中的沉降速度和粒径关系时，假设土颗粒为球形钢体，在沉降过程中受三种不同力的影响 (图 2.19)，即重力 (F_g，Gravitational Force)、浮力 (F_b，Buoyant Force) 以及向上的阻力 (F_d，Drag Force) (Bouyoucos，1962)。在开始的时候，土颗粒沉降速度较快，所受的阻力也较大，当土颗粒下降到某一高度后，沉降速度会变缓，最终稳定，此时向下的重力和向上的阻力达到平衡，即

$$F_g = F_b + F_d \tag{2.3}$$

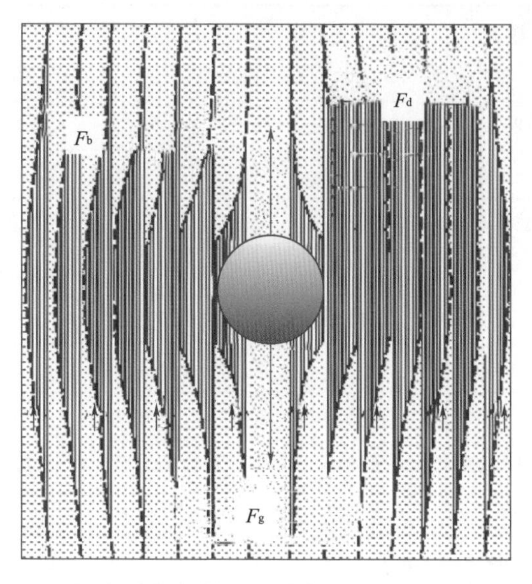

图 2.19　沉降过程中三种不同力的影响（Batchelor，1967）

按照牛顿定律（Newton's Law），式（2.3）中土颗粒所承受的重力等于质量 m 与重力加速度 g 的乘积，即土颗粒的 $F_g = mg$。而土颗粒的质量 m 又等于土颗粒的体积 V_s 与密度 ρ_s 的乘积，即

$$m = V_s \rho_s = \frac{4}{3}\pi r^3 \rho_s \tag{2.4}$$

因此

$$F_g = \frac{4}{3}\pi r^3 \rho_s g \tag{2.5}$$

式中：π 为 3.1416；r 为土颗粒的半径。

根据阿基米德浮力原理（Archimedes' Principle），土颗粒所承受的浮力与土颗粒同体积所排开流体的重量相同，即

$$F_b = \frac{4}{3}\pi r^3 \rho_w g \tag{2.6}$$

式中：ρ_w为流体密度，g/cm^3。

土颗粒（球体）所承受的向上阻力为

$$F_d = \frac{24}{vd\rho_w/\eta} \times \rho_w \times \frac{\pi d^2}{4} \times \frac{v^2}{2} = 3\pi d \eta v \tag{2.7}$$

式中：v 为土颗粒沉降速度，cm/s；d 为土颗粒的直径，cm；η 为流体的黏

滞系数，g/(cm·s)。

若以土颗粒的半径表示，则 $F_d=6\pi r\eta v$。

将式（2.5）～式（2.7）代入式（2.3），可得

$$\frac{4}{3}\pi r^3\rho_s g=\frac{4}{3}\pi r^3\rho_w g+6\pi r\eta v \tag{2.8}$$

把式（2.8）简化，用土颗粒的半径 r 或直径 d 来表示沉降速度 v，则可得

$$v=\frac{2}{9\eta}g(\rho_s-\rho_w)r^2 \text{ 或 } v=\frac{1}{18\eta}g(\rho_s-\rho_w)d^2 \tag{2.9}$$

由式（2.9）可以看出，土颗粒在流体中的沉降速度与土颗粒的大小成正比，与流体的黏滞度成反比。如前所述，当土颗粒的沉降速度达到稳定时，则可以利用式（2.10）计算出土粒沉降距离 h。

$$h=vt \tag{2.10}$$

若把式（2.9）代入式（2.10），则可得

$$h=\left[\frac{1}{18\eta}g(\rho_s-\rho_w)d^2\right]t \tag{2.11}$$

在试验中，如果能测出土颗粒的沉降距离 h 以及时间 t，则可以利用式（2.12）计算出土颗粒的大小，即

$$d=\sqrt{\frac{18\eta}{g(\rho_s-\rho_w)}\frac{h}{t}} \tag{2.12}$$

在实验室中利用式（2.12）来测定土壤粒级时（Sabey 等，2003），除了需要比重计［图 2.20（a）］，还需要天平、搅拌器、1000mL 测筒以及温度计及其他器材［图 2.20（b）］。在试验过程中最重要的一点就是要把土壤中的团粒完全散开。在土壤中，比较常见的让土颗粒结合成团粒的结合剂是碳酸钙（Calcium Carbonate）和有机质（Organic Matter）。在一般的实验室中，通常是用 5% 的偏磷酸钠（Sodium Hexametaphosphate）作为分散剂（Dispersing Agent）。详细试验方法可参阅《初级土壤学》（Sabey 等，2003）或《土壤实

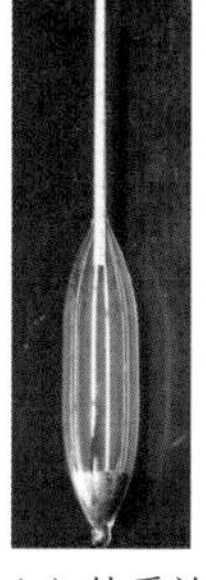

（a）比重计

（b）其他器材

图 2.20 利用比重计法分析土壤质地所需的器材

（a）静置

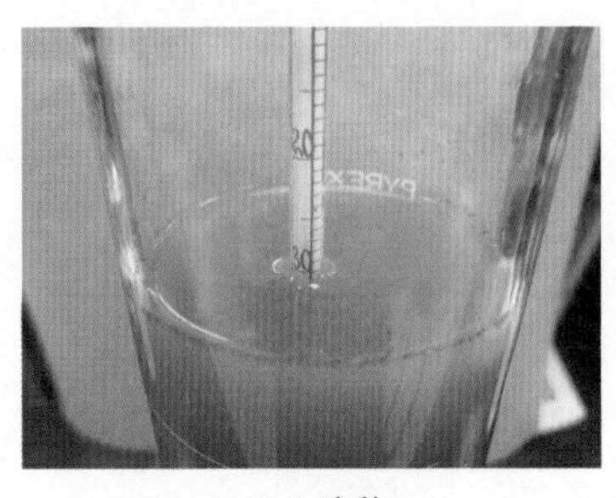
（b）读数

图2.21　静置过程及读数

验手册》(Brady 和 Weil，2008)。

在测定过程中，先利用搅拌器把土壤与水搅拌均匀，在1000mL测筒中静置，如图2.21所示。土颗粒在悬浮液中首先沉淀的是砂粒，其次为粉粒。因此，静置的时间越长，悬浮液中的粗土颗粒就越少。根据Bouyoucos（1962）的方法，利用比重计在40s及6小时52分时所测出的读数应分别为砂粒及黏粒的读数。但在一般实验室中，因为上课时间有限，往往把2小时的读数当成黏粒的读数。

2.3　土壤的结持性及结构

2.3.1　土壤结持性（Soil Consistence）

干燥的土壤属于固态，当土壤中的水分增加时，土壤就由固态变成半固态；当土壤中的水分持续增加时，土壤就由半固态变成塑态；当土壤中水分持续增加到某一程度时，土壤就由塑态变成接近于流体（Liquid）的形态，这种变化在其他物质中是少有的。土壤的结持性或稠性主要是讨论水分子内聚力（Cohesion）和附着力（Adhesion）在土中的相互作用，以及其抵抗外力的破裂或变形的特性（Kohnke，1968；Hillel，1980）。内聚力是水分子和水分子间的聚合力，附着力是水分子和固体间的吸引力（Brady 和 Weil，2008），这和水分子与固体面的接触角度（Contact Angle）有关，也与水的表面张力（Surface Tension）是分不开的，因为表面张力是由内聚力和附着力所组成的。

干土不含水分因此不具有附着力，当土中水分逐渐增加时，附着力也随之渐长，等到水分达到某一程度时，附着力会增加到最高点后逐渐减小，直到土壤被水饱和，附着力再归零（图2.22）（Kohnke，1968）。因此，土壤在不同水分含量下的反应很特殊，它的形态可随其水分含量的高或低而改变。

因此，在了解土壤结持性时，常常需要先了解干土（Dry Soil）、润土

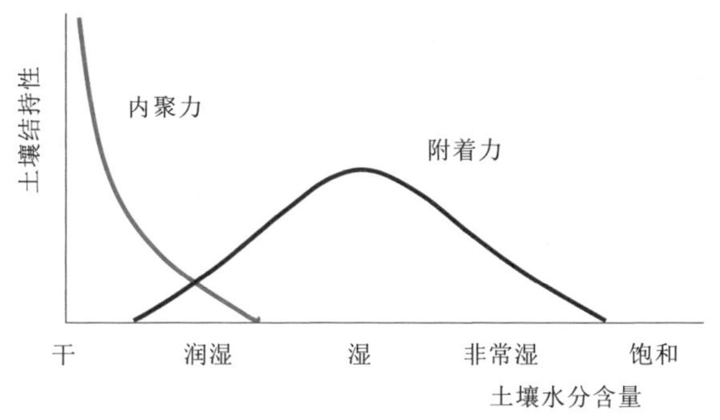

图 2.22 土壤水分含量与土壤结持性中的内聚力和附着力的关系

(Moist Soil) 和湿土 (Wet Soil)。干土指的是风干土，在讨论其结持性时，通常用土壤的硬度 (Rigidity) 和酥脆性 (Brittle) 来描述；润土的水分含量低于田间容水量 (Field Capacity，将在土壤水中讨论)，其结持性主要与土壤的松散度 (Loose)、易碎性 (Friable) 和密实性 (Firm) 有关；湿土的土壤水分高于田间容水量，主要观察土壤的黏性 (Stickiness)、塑性 (Plasticity) 和液性 (Liquidity) (Das，1989；Hillel，1980；Jumikis，1984；Kohnke，1968)。由于土壤结持性在农业上基础薄弱，且在公路工程上应用得较多，因此本书不再展开论述，若感兴趣可参阅土壤力学或与基础工程相关书籍 (赵成刚等，2012；Das，1989；Jumikis，1984)。

2.3.2 土壤结构 (Soil Structure)

土壤结构是指土颗粒相互结合成大小不同形状的团粒 (Aggregate)。造成土颗粒相互结合成团的原因很多，若要说明某特定原因恐怕不易。主要原因是能促使土颗粒胶结成团的因素除了矿物母质 (Parent Material) 及风化后所产生的原生与次生矿物质 (Primary and Secondary Minerals) 之外，土颗粒所带的各类离子间的相互吸引更不可忽视，一般阳离子的聚合力度顺序是：$Fe^{3+} > Al^{3+} > Ca^{2+} > Mg^{2+} > H^{+} > NH_4^{+} > K^{+} > Na^{+}$ (Brady 和 Weil，2008)。除此之外，有机胶体 (Organic Matter)、无机胶体 (Colloidal) 以及土中微生物所分泌的物质都能将土颗粒胶结成团。水和温度促使土壤膨胀或收缩，以及植物根系的延伸、外来的动物的践踏、人类的一些活动如耕犁等，都可能促成土颗粒或小土团粒绑在一起。蚯蚓、虫蚁对土壤团粒形成的影响如图 2.23 所示。

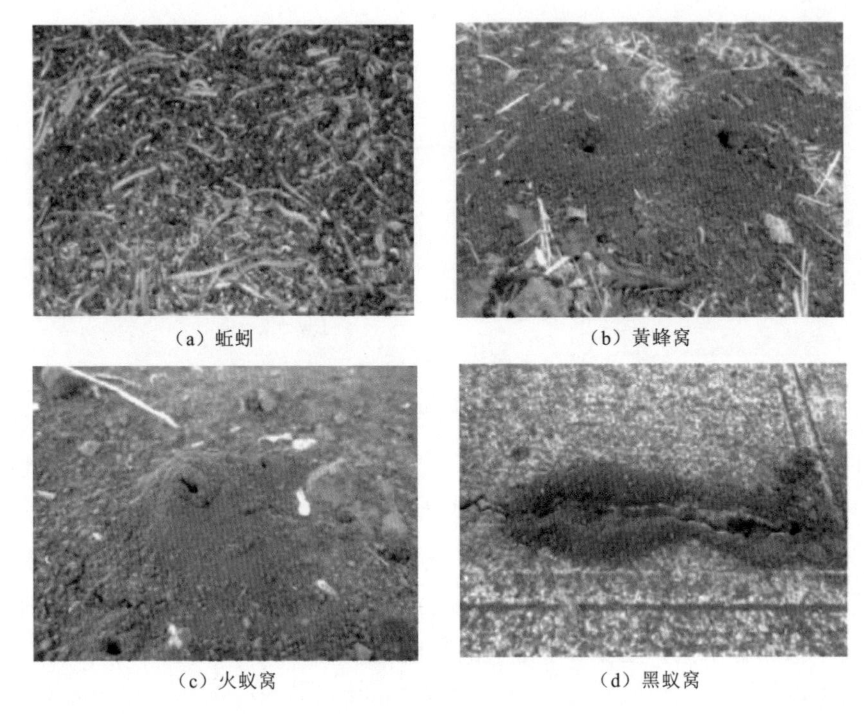
（a）蚯蚓　（b）黄蜂窝
（c）火蚁窝　（d）黑蚁窝

图 2.23　蚯蚓、虫蚁对土壤团粒形成的影响

除此之外，土颗粒的大小也会对土壤结构有很大的影响，土颗粒越细，比表面积就越大，其聚合力就越强，砂土很难形成团粒就是因为它的比表面积小。实际上，土壤结构是一个非常复杂的问题，它对作物根圈影响很大，在农耕中很受重视。

2.3.3　土壤团粒分析

土壤结构可按土壤团粒的类型（Aggregate Type）、土壤团粒的稳定性（Aggregate Stability）以及土壤团粒的大小（Aggregate Size）来分析说明。

1. 土壤团粒的类型

（1）球状团粒。团粒的类型按其形状分类（Brady 和 Weil，2008；Hillel，1980）为近球状（Spheroidal）、块状（Block-like）、柱状（Prism-like）和碟状（Platy）。其中近球状团粒分为屑粒状（Crumb）和团粒状（Granular），前者体积较小，但在团粒中孔隙多；后者体积较大，但孔隙少，两者在一般农地的表层（A Horizon）中较常见。

如图 2.24 所示，从左至右各团粒分别为取自黑沃土（Mollisols）、氧化

土（Oxisols）及膨胀土（Vertisols）的表层土壤（0～20cm）。黑沃土粒团属近球状，粒团中含多孔隙，呈屑粒状；氧化土和膨胀土团粒同属块状类型，后者粒团表面具有锐角，近似棱块状。

（a）黑沃土

（b）氧化土

（c）膨胀土

图 2.24 黑沃土、氧化土及膨胀土的表层土壤团粒

（2）碟状团粒。碟状团粒通常继承自母质层或土壤受外力夯压（如犁底层）而产生。碟状团粒往往相互重叠，团粒间很少有大孔隙存在，因此导水性较差，此类团粒很多时候会在土壤的淋溶层中出现。块状团粒近似方块，此类团粒有时表面具有锐角而成棱块状，此种状况通常在潮湿地带的土壤淀积层可常见到。

（3）柱状团粒。柱状团粒的直径有时可达 15cm，多以六面体柱状呈现，有些柱状团粒表面也会出现锐角而成棱柱状。

2. 土壤团粒的稳定性

土壤团粒的稳定性往往受土壤所含的矿物的组成、有机质以及团粒的成因影响。图 2.25 中三种土壤分别为（由左至右）风干后的黑沃土（Mollisols）、氧化土（Oxisols）及膨胀土（Vertisols）。这三种土壤所含的黏粒（Clay）都非常高，但与水接触及浸泡后以及在干燥过程中，三种土壤结构的变化却迥然不同。黑沃土是在草原中育成的，有机质含量高；氧化土经长年风化，有机质含量低；膨胀土则介于两者之间。图 2.25（a）是风干土，图 2.25（b）是三种风干土在施加同量的水 1h 之后呈现的结果。从照片中不难看出，黑沃土（左）与水接触之后，土壤结构完全被破坏，而氧化土（中间）的结构虽然有变化，但其变化程度不大，膨胀土（右）的结构变化程度则是介于黑沃土和氧化土之间。这个实验证明，氧化土的粒团的稳定性最强，而黑沃土的稳定性最弱，膨胀土的稳定性则在两者之间。也就是经晒干之后，黑沃土结构与浸湿前完全不同，产生龟裂；氧化土虽然受水浸蚀，但其结构非常稳定，变化不大；膨胀土的结构则介于两者之间。造成这种现象

(a) 风干土　(b) 与水接触后1h
(c) 与水接触后12h　(d) 与水接触后36h
(e) 与水接触后72h

图2.25　三种风干土与水接触后的变化

的主要原因是氧化土是1∶1非膨胀型的高岭土，而黑沃土和膨胀土则为2∶1膨胀型土，水分子进入晶胞中而使其膨胀，干燥之后因水分子的消失而收缩。这个试验是在户外自然条件下完成的。

3. 土壤团粒大小分布的测定

在比较土壤团粒时，要特别注意的是土样必须采自同一层次或深度，而且不能破坏土壤的原结构性，在运送时也不能受到外力挤压或强烈振动而破坏其结构原状。在实验时，通常利用风干土测定，原因是烘干土可能会增强团粒聚合力度和稳定性。团粒分布测定分为干筛法和湿筛法两种方法。干筛法是利用风干土直接筛分，而湿筛法是将风干土在水中筛分。不论是干筛法还是湿筛法，它们所需的实验器材、原理和实验操作与土壤质地的筛析法类似，但是所用筛的孔径不得小于2mm。此外，湿筛法的套筛置于水槽中，在测定时，套筛是垂直上下摆动。如想了解更多有关团粒分布及团粒稳定性的测定方法，可参阅Kemper和Chepil（1965）及Kemper（1965）。

2.4 土壤的静态物理性质

土壤的静态物理性质可用体积、重量或深度来表示。假设有一土柱，其面积为 A，若能把土柱中所含的空气、水和固体分开而不改变其形状，如图 2.26 所示，图中 V、W 及 d 分别代表土柱的体积（Volume）、重量（Weight）及土层深度（Soil Depth），a、w、s、p 及 T 则代表空气（Air）、水（Water）、土壤的固体（Soil Solid）、土壤的孔隙（Soil Pore）及总和。

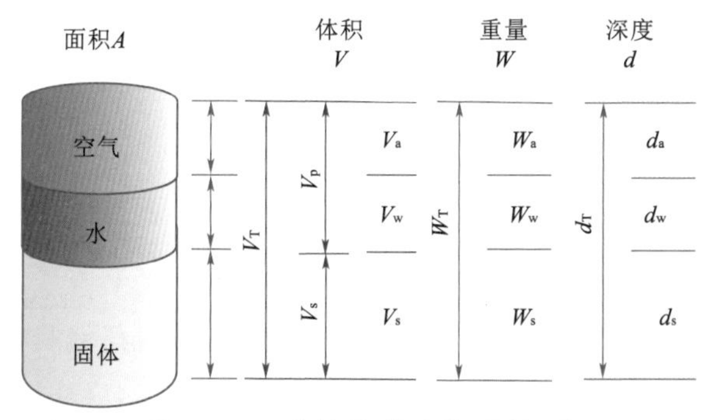

图 2.26 土壤的静态物理性质

(1) 用体积来表示。则土壤的总体积（V_T）是土壤的固体体积（V_s）和孔隙体积（V_p）的总和，而孔隙体积则为水体积（V_w）和空气体积（V_a）的和，即

$$V_T = V_s + V_p \quad 或 \quad = V_s + V_w + V_a \tag{2.13}$$

式中：V_w 和 V_a 分别为水和空气的体积，%。

(2) 用重量来表示。则土壤的总重量（W_T）可用下式表示：

$$W_T = W_s + W_w + W_a \tag{2.14}$$

式中：W_w 为土壤中的水分重量；W_a 为土壤空气的重量。

在一般的正常情况下，W_a 可设为 0，则 $W_T = W_s + W_w$，即所谓的土壤湿重。

2.4.1 土壤的密度

土壤的密度 ρ 是质量与体积的比值，即

$$\rho = 质量/体积 = \frac{M}{V_T} \tag{2.15}$$

土壤的密度有两种不同的计算方法：一种是真密度（Particle Density）ρ_p，即真比重或实重；另一种是容重（Bulk Density）ρ_b，即所谓的烘干土密度，或假比重。

（1）土壤的真密度是土壤干重与固体体积的比值，即

$$\rho_p = 土壤干重/固体体积 = \frac{W_s}{V_s} \tag{2.16}$$

土壤的真密度随土壤中固体物质的不同而不同（Kohnke，1968），例如最常见的石英（Quartz），它的真密度为 $2.66g/cm^3$，云母（Mica）的真密度为 $2.8 \sim 3.2g/cm^3$，汽车轮胎屑的真密度为 $1.4g/cm^3$（Chong 等，1982；1996），烤过的咖啡豆的真密度为 $0.90 \sim 0.95g/cm^3$（Nakilcioglu 和 Otles，2019），有机物质的真密度为 $1.1 \sim 1.4g/cm^3$（Boyle 等，1989；Kohnke，1968）。

必须注意的是，土壤的真密度不易改变，而且与土壤颗粒的粗细或形状无关。因此大部分的农田土壤，它的真密度在没添加其他物质的情况下，为 $2.6 \sim 2.75g/cm^3$。当然，像夏威夷的氧化土（Oxisols），因含大量的铁铝矿物质，其真密度可高达 $3.0g/cm^3$。虽然如此，在计算一般农田土壤孔隙率时，都假定 $\rho_p = 2.65g/cm^3$。

（2）土壤容重 ρ_b 是土壤干重与土壤总体积的比值，即

$$\rho_b = 土壤干重/土壤总体积 = \frac{W_s}{V_T} \tag{2.17}$$

农田的土壤容重一般变化较大，它随着土壤的质地、结构以及有机物质的变化而变化。农田的土壤容重还会受到田间的一些活动的影响，例如蚯蚓或其他生物的影响。一般来说，农业土壤容重为 $1.0 \sim 1.6g/cm^3$，但大部分粉土及黏土的容重为 $1.2 \sim 1.5g/cm^3$。砂土的土壤容重较大，往往可达 $1.6 \sim 1.8g/cm^3$。

2.4.2　土壤的孔隙率

土壤的孔隙率 P 为土壤的孔隙体积 V_p 与其总体积 V_T 的比值，即

$$P = 土壤的孔隙体积/土壤的总体积 = \frac{V_p}{V_T} \tag{2.18}$$

土壤的孔隙体积不易测得，因此利用式（2.18）作为通用公式来计算土壤孔隙率是非常不实际的。为了解决这个问题，式（2.18）可做些调整。土壤的总体积 V_T 是土壤的孔隙体积 V_p 和土壤的固体体积 V_s 的总和，即

$$V_T = V_p + V_s \tag{2.19}$$

如果在式（2.19）两边同时除以土壤的总体积，可得

$$V_T/V_T = V_p/V_T + V_s/V_T \tag{2.20}$$

则式（2.20）也变成

$$1 = V_p/V_T + (V_s/W_s)(W_s/V_T) \tag{2.21}$$

式中：W_s 为土壤干重；V_p/V_T 为土壤孔隙率 P；V_s/W_s 其实为土壤的真密度的倒数（$1/\rho_p$）；W_s/V_T 则为土壤的容重 ρ_b。

则式（2.21）可简化为

$$P = 1 - (\rho_b/\rho_p) \tag{2.22}$$

在式（2.22）中，如果知道土壤的真密度，只要测出土壤的容重便可求出土壤的孔隙率。

值得一提的是，很多人总认为砂土孔隙率会比粉土或黏土的孔隙率大很多，因为水在砂土中排得很快。事实上，水在砂土中排得快是因为砂土中的大孔隙多、孔径大，所以水流得快。而粉土或黏土的孔隙多属微孔隙，孔径小，所以水流得慢。孔径的大小与水的流速成反比，这部分会在第 4 章中详细说明。

下面以咖啡豆为例，说明粉土或黏土的孔隙率比砂土的大。

如图 2.27（a）所示，一杯烘焙好的咖啡豆，其高度与杯沿等高，咖啡豆和杯子的总重为 98g。与此同时，把同体积、同重量的咖啡豆经研磨打碎后倒入大小相同的杯子中［图 2.27（b）］。从图 2.27（b）中可以看到，研磨后的咖啡粉不仅把杯子填满了，而且其高度还比杯沿高了许多。为了对比相同体积的咖啡豆和研磨后的咖啡粉的孔隙率，可把高过杯沿的那部分咖啡粉取出。取出后的咖啡粉与杯子的总重为 96g［图 2.27（c）］。

空杯子的重量和容积分别为 78g 和 57cm^3。根据 Nakilcioglu 和 Otles（2019）的研究结果，烤过的咖啡豆的真密度为 0.91g/cm^3。将其代入式（2.17），则可以得到咖啡豆和咖啡粉的容重分别为 0.351g/cm^3 和 0.316g/cm^3。再把结果代入式（2.22），则可以得到咖啡豆的孔隙率为 61.4%，而咖啡粉的孔隙率为 65.3%。从这个实验可以看出，颗粒越细，其孔隙率就越大。

（a）烘焙好的咖啡豆

（b）研磨后的咖啡粉

（c）与咖啡豆同体积的咖啡粉

图2.27　咖啡豆实验

2.4.3　含有添加物的土壤的孔隙率

式（2.22）只适用于只有土壤（即土壤中没有任何添加物）的真密度的计算。如果土壤中掺入了添加物，由于添加物的真密度和土壤矿物质的真密度不同（Boyle等，1989），式（2.22）就不再适用。

如果土壤中含有添加物，那么土壤的固体总体积 V_s 就是土壤矿物质（以砂土为例）的体积 V_{sc} 和非矿物质（即添加物）体积的总和 V_{nsc}，那么土壤的固体总体积可用下列方程式来表示，即

$$V_s = V_{sc} + V_{nsc} \tag{2.23}$$

如果在土壤中掺入的添加物不止一种（除了泥炭苔，还有牛粪、蚯蚓排泄物等），并且每种添加物的量及其真密度不同时，添加物的固体体积可以用下列方程式表示，即

$$V_{nsc} = V_1 + V_2 + V_3 + \cdots + V_n \tag{2.24}$$

式中：V_1，V_2，V_3，…，V_n 为各种不同添加物质的固体体积，V_1 为泥炭苔的固体体积，V_2 为牛粪的固体体积，V_3 为蚯蚓排泄物的固体体积；n 为 n 个添加物。

把式（2.24）代入式（2.23），然后公式两边同时除以土壤的总体积 V_T，即

$$\frac{V_T}{V_T} = \frac{V_p}{V_T} + \frac{V_{sc}}{V_T} + \frac{V_1}{V_T} + \frac{V_2}{V_T} + \frac{V_3}{V_T} + \cdots + \frac{V_n}{V_T} \tag{2.25}$$

从式（2.25）右边的第二项开始，每一项的分子、分母都乘以添加物的干重量，便可得到下列方程式，即

$$1 = \frac{V_p}{V_T} + \frac{V_{sc}}{W_{sc}}\frac{W_{sc}}{V_T} + \frac{V_1}{W_1}\frac{W_1}{V_T} + \frac{V_2}{W_2}\frac{W_2}{V_T} + \frac{V_3}{W_3}\frac{W_3}{V_T} + \cdots + \frac{V_n}{W_n}\frac{W_n}{V_T} \tag{2.26}$$

式中：W_{sc} 为砂土（矿物质）的干重；W_1，W_2，W_3，…，W_n 为每种不同添加物的干重。

如果将添加物的干重用土样的总干重 W_T 的百分比 k 来表示，即

$$W_1=k_1W_T, W_2=k_2W_T, W_3=k_3W_T, \cdots, W_n=k_nW_T$$

那么砂土（矿物质）的干重就可以表示为

$$W_{sc}=[1-(k_1+k_2+k_3+\cdots+k_n)]W_T \tag{2.27}$$

再将式（2.27）的 W_{sc} 代入式（2.26）中，得

$$1=\frac{V_p}{V_T}+\frac{V_{sc}}{W_{sc}}\left\{[1-(k_1+k_2+k_3+\cdots+k_n)]\frac{W_T}{V_T}\right\}+\frac{V_1}{W_1}\frac{k_1W_T}{V_T}+\frac{V_2}{W_2}\frac{k_2W_T}{V_T}+\frac{V_3}{W_3}\frac{k_3W_T}{V_T}+\cdots+\frac{V_n}{W_n}\frac{k_nW_T}{V_T} \tag{2.28}$$

式中：V_p/V_T 为总孔隙率；V_{sc}/W_{sc} 为砂土真密度的倒数（$1/\rho_{psc}$）；W_T/V_T 为土样的容重 ρ_b；V_1/W_1，V_2/W_2，…，V_n/W_n 分别为每种添加物真密度的倒数，即 $1/\rho_{p1}$，$1/\rho_{p2}$，…，$1/\rho_{pn}$。

因此，式（2.28）可以简化成为

$$P=1-\left\{\frac{\rho_b}{\rho_{psc}}[1-(k_1+k_2+k_3+\cdots+k_n)]+\rho_b\left(\frac{k_1}{\rho_{p1}}+\frac{k_2}{\rho_{p2}}+\frac{k_3}{\rho_{p3}}+\cdots+\frac{k_n}{\rho_{pn}}\right)\right\} \tag{2.29}$$

最后式（2.29）可变为

$$P=1-\rho_b\left[\frac{1}{\rho_{psc}}\left(1-\sum_{i=1}^{n}k_i\right)\right]+\sum_{i=1}^{n}\frac{k_i}{D_{pi}} \tag{2.30}$$

式中：i 为 1，2，3，…，n，n 为 n 个添加物质。

如果土壤中没掺入任何添加物（即只有砂土），那么上式中的 $k=0$，式（2.30）就成为式（2.22）。

2.4.4 土壤水分含量

土壤中的水分含量不仅可用体积、重量或深度来表示，还可以用与土壤总体积或烘干土壤的重量比来表示。

土壤水分含量 W_w 最直接的计算方法是用湿土重量 W_T 减去烘干土重量 W_s求得。这里的烘干土是指把土壤放在 105 ℃的烤箱中烘烤，直到土壤中的水分完全失去为止（烘烤时间由土样的大小决定，一般烘烤 24h 或更长）。

$$W_w=W_T-W_s \tag{2.31}$$

式（2.31）计算出来的 W_w 的单位是 g。因为水的密度为 1g/cm^3，所以也可用体积单位 cm^3 来表示。虽然在测定土壤水分时，必须经过上述计算过程，但不论结果是重量或体积，都不实用。因此，学者常把上述结果和土壤干重做比较，即

$$\theta_w=\frac{W_T-W_s}{W_s} \tag{2.32}$$

式中：θ_w为土壤水分的重量比，一般土壤中的 θ_w值应小于 1。

但在一些特殊情况下，如果土壤中含有大量的有机物质，例如沼泽土 (Bog Soil)，则 θ_w 有可能不小于 1。但是在计算时和土壤的烘干重做比较，其前提是假设土壤干重量不会发生改变。

另一种表示土壤水分的方法是和土壤总体积做比较，即

$$\theta_v=\frac{W_T-W_s}{V_T}=\frac{V_w}{V_T} \tag{2.33}$$

式中：$\theta_v<1$。

在一般的情况下，$\theta_v>\theta_w$（水分含量体积比会比重量比大）。两者的关系如下：

$$\theta_v=\frac{V_w}{V_T}=\frac{W_w}{V_T}=\frac{W_w}{W_s}\frac{W_s}{V_T}=\theta_w\rho_b \tag{2.34}$$

式中：$\theta_v=\rho_b\theta_w$，因为土壤的容重 ρ_b 通常大于 1g/cm^3，因此 $\theta_v>\theta_w$。

通常情况下，θ_v比 θ_w 更加实用。例如有一块农田，它的面积为 A，而根系层的深度为 Z，那么这块农田根系层的总体积为

$$V_T=AZ \tag{2.35}$$

如果这块农田在根系层中平均的水分深度为 d_w，那么用体积来表示此农田根系层中的水分含量为

$$V_w=Ad_w \tag{2.36}$$

式（2.36）与式（2.35）相除，则

$$\frac{V_w}{V_T}=\frac{Ad_w}{AZ}=\frac{d_w}{Z} \tag{2.37}$$

式中：$\frac{V_w}{V_T}$实际上为土壤水分的体积比 θ_v。

则式（2.37）可转换为

$$d_w = Z\theta_v \tag{2.38}$$

由式（2.38）中可知，土壤的水分含量若用深度来表示，可用土壤的根系层深度与土壤水分的体积比来求得。从灌溉的角度来说，这两者的关系很重要，因为灌溉技术人员一般只会问灌溉了多少厘米的水。

2.5 土壤密度的测定

在农业生产过程中，为了提高土壤肥力，通常优先考虑的因素是土壤的酸碱度（Soil Reaction）。而在土壤物理性质方面，则土壤密度（Soil Density）最受研究者重视，因为水的入渗、作物养分的移动、根系的发展都与土壤密度有关，因此松土常常成为改良土壤物理性质的首要工作。土壤密度在前面已有说明，一般是以容重来表示。但是直接测定土壤的容重费力耗时，所以在田间为了了解根系层的厚度或土壤压实度，常常会采用其他方法来代替。

2.5.1 土壤密度的测定方法

1. 利用针穿硬度计测定

测定土壤密度的方法很多，在田间最原始和古老的方法莫过于利用木棍或铁杆测定其插入土壤的过程中所承受的阻力，然后凭着个人经验，根据入土阻力的大小来确定土壤的密度或压实度。如今，此法已经现代化，例如用圆锥针穿硬度计（Cone Penetrometer，图 2.28），还有在插杆上安装阻力自动记录器（Auto-recorder）和地球定位系统，直接与计算机连接进行数据分析。这种圆锥针穿硬度计可以安装在田间工作车上，在大面积田中测试。

圆锥针穿硬度计的种类繁多，从口袋式［图 2.28（a）］到在插杆上安装手操圆锥针穿硬度计［图 2.28（b）］、自动记录器［图 2.28（c）］并利用地球定位系统与计算机直接连线［图 2.28（d）］。还可以安装在农田工作车上与计算机直接连接，实时分析田间土壤夯实度的变化。

除此之外，圆锥针穿硬度计还可以用来了解作物根系的发展，如图 2.29 所示，高尔夫球场果岭草坪排水不良、草皮枯黄，经分析是因为在果岭草坪的根系层中出现了黑土层（Black Layer），而此黑土层是由于上层土壤中的矿物质和有机物微粒伴随着雨水或灌溉向下移动，把根系层中的大孔隙阻

（a）口袋式圆锥针穿硬度计

（b）手操圆锥针穿硬度计

（c）硬度计上安装自动记录器（由Dr. Richard Boniak示范）

（d）利用地球定位系统与计算机直接连线

图 2.28　圆锥针穿硬度计

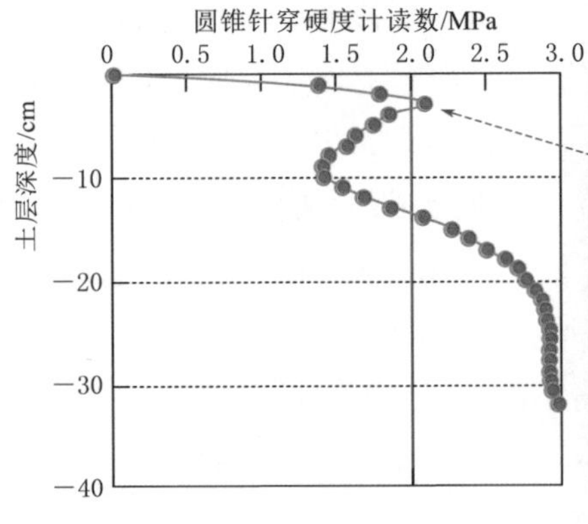

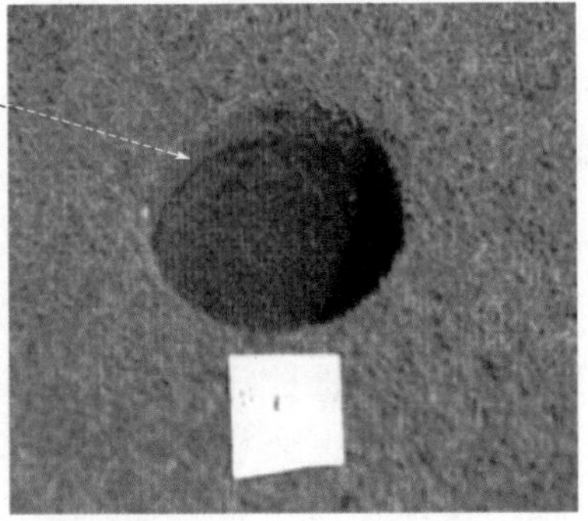

图 2.29　利用圆锥针穿硬度计在果岭草坪中测定阻力

塞，使得空气和水无法流通，因而造成土层中缺乏氧气，久而久之，这沉积层就形成了黑土层，最终结成硬块，破坏草坪根圈，阻止草坪根部的发展。圆锥针穿硬度计在果岭草坪中对“黑土层”所产生的阻力为2～3MPa，通常情况下当土壤阻力不小于2MPa时，作物根系就会受到约束而不易伸展。

土壤的阻力也曾被用来确定高尔夫球场沙坑选择沙子时的指标（ASTM，1997）。因为沙坑所用的沙子不能太过圆滑，只有具有棱角的沙粒才具有一定的阻力，防止球掉落沙坑时砸坑或被埋，同时防止在降雨时沙被雨水冲失（图2.30）。可利用口袋式圆锥针穿硬度计来测定沙子阻力，如图2.31所示，把口袋式圆锥针穿硬度计置于球上，把硬度计往下压，直到球的一半陷入沙中（图2.32）为止，此时的阻力读数必须大于2MPa，否则此沙不适用于建造高尔夫球场的沙坑。

图2.30　高尔夫球场中的沙坑

图2.31　利用口袋式圆锥针穿硬度计测沙子阻力

图2.32　球的一半陷入沙中

圆锥针穿硬度计所测的数值会受土中水分含量多寡的影响，当土壤水分含量高时，阻力小，土壤干旱，阻力变大。在一般情况下，为了减少受到水分的影响，在测定农业用地压实度时，视土壤质地而定，通常是建议在大雨之后的36～48h之间测定最为恰当，圆锥针穿硬度计读数能帮助了解作物可能发展深度，但无法用来分析类似孔隙分布等其他土壤物理性

质，所以应用范围不大。

2. 利用土壤容重测定

测定土壤容重的方法很多，早期在实验室中曾利用蜡封法或水银排开法等将土壤团粒（Soil Ped or Aggregate）测定出来，但是由于这些方法测定的土样不大，所以测定的结果往往缺乏代表性。再者由于试验过程繁杂，操作不易，目前在平常测定中已经不再采用。

而在田间，测定土壤容重的方法通常采用环刀法。所谓环刀法，即利用一定容积的铁环切割自然状态下未扰动的土样，将土样烘干后计算出其单位体积的重量，用此方法测出来的土壤容重可以说是土壤容重的标准值。采取未扰动的土样的详细方法在本章 2.5.2 节有更详细的说明。

图 2.33 是一般采集复合土样（Composite Soil Sample）及土芯样品（Soil Core Sample）所需的工具。

（a）常用的采土器及其配件（Photography-Royal Eijkelkamp）

（b）金属土环

（c）有机玻璃土环

（d）环刀

图 2.33　常用采土器以及所需工具

环刀法只适用于表土采样，如果需要对深层土壤进行采样，就必须将表土挪开后才能获取。这样的过程不仅耗时费力，而且手续繁杂，最重要的是在采样的过程中还会破坏土层。所以，为了能获得深层原状土柱，可将分管采样器（Split-tube Sampler）连接油压装置安装在工作车上（图 2.34），利用油压推动至指定深度来获得原状土柱。

3. 利用中子探测仪测定

早期在地质工程中，为了鉴定地基的滚压夯实度，通常是利用砂锥仪（Sand Cone，图 2.35）来测定容重，如今砂锥仪已被中子探测仪代替。虽然中子探测仪有放射性，但它在测定密度的同时也能测出土壤水分含量（体积比），而且此仪器操作简单，省时省力，所以广为使用。中子探测仪的种类繁多，有些适用于探测表土，也有些是经专门设计后用来测定深层土壤的密度和水分含量。

图 2.34　深层原状土柱取样
（图片由 Dr. Sam Indorante 提供）

图 2.35　砂锥仪
（Sand Cone）

地表中子探测仪有以下优点：①直接测定，无须扰动或破坏土层，也不会对农作物造成伤害；②可以在极短的时间内得到结果；③适用范围广泛，无论是大面积农田、疏松砂土以及干硬的表土都能适用；④可以对同一点进行重复测定。其缺点主要是读数可能会受到作物根系或其他物质的影响。图 2.36（a）为地表中子探测仪，只适用于地表面（如根系层）的数据测量，图 2.36（b）是垂直中子探测仪，使用时需通过一根金属引管［图 2.36（c）］将中子探测源引导至土层中进行数据的测定。

图 2.37 是利用地表中子探测仪来测定位于美国伊利诺伊州的卡本代尔

（a）地表中子探测仪

（b）垂直中子探测仪
（图片由Dr. Tim Green提供）

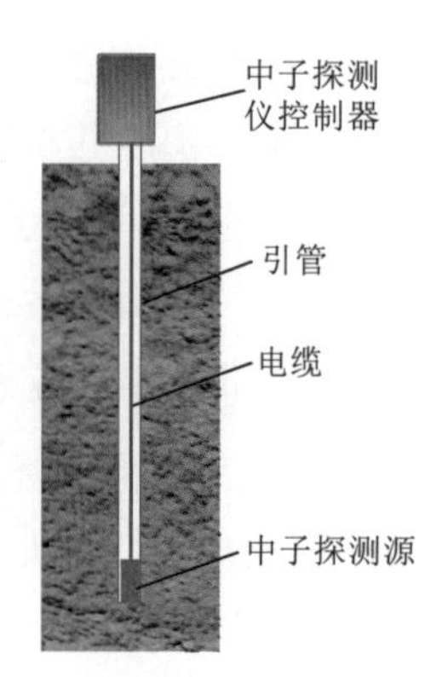

（c）金属引管

图 2.36　中子探测仪

社区高中（Carbondale Community High School）美式足球场草坪的压实状况。其测定的目的是希望了解由于比赛对草坪可能产生的压实问题，从而确定需要加强养护的区域。在进行测定的过程中，把整个足球场草坪划分为 735 个小区，并在整个球场草坪均匀分布，然后分别对每个小区测定其土壤的容重和水分含量。

如图 2.37（b）所示，位于球场两端，即球门附近有些土壤的容重竟然大于 $1.6g/cm^3$，特别是在西边球门附近（图中的左边），压实情况最为严重。因为靠西边的球门是由主队操控，球赛时的大部分活动都在此区发生，所以这里的土壤压实比较严重。由此可见，从土壤的压实度也可以看出球队的实力。至于如何改善草坪的压实问题，可参阅第 6 章。

4. 利用探地雷达测定

目前，虽然利用探地雷达（Ground Penetrating Radar，GPR）来测定土壤的密度的技术仍不成熟，但可利用探地雷达来比较不同地点或土层的密度，例如探测土壤耕犁层深度等。图 2.38 为在高尔夫球场果岭草坪探测根系层深度和寻找根系层下排水管位置的扫描图，其结果都非常准确。

2.5.2　非扰动土采样方法

土壤的测定结果是否能涵盖及反映整个田区的特性，完全取决于土样（Soil Sample）是否具有代表性。但是土样的代表性往往受到时空的限制以及采样方法的影响。以土壤的水文性质为例，对土样的选择除了必须保证

（a）美式足球场

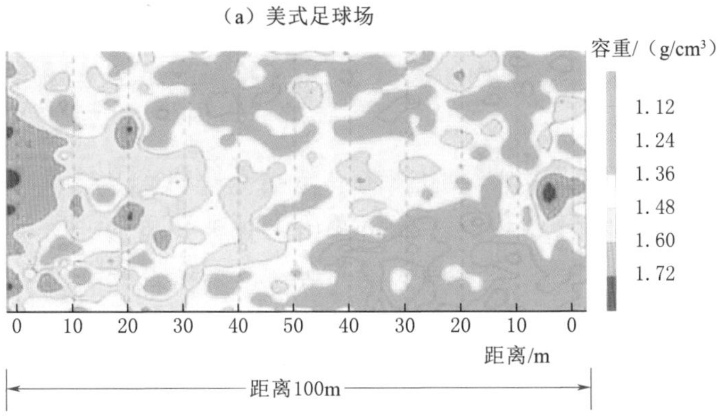

（b）土壤压实度的空间变异

图 2.37 利用地表中子探测仪测定美式足球场压实度的空间变异

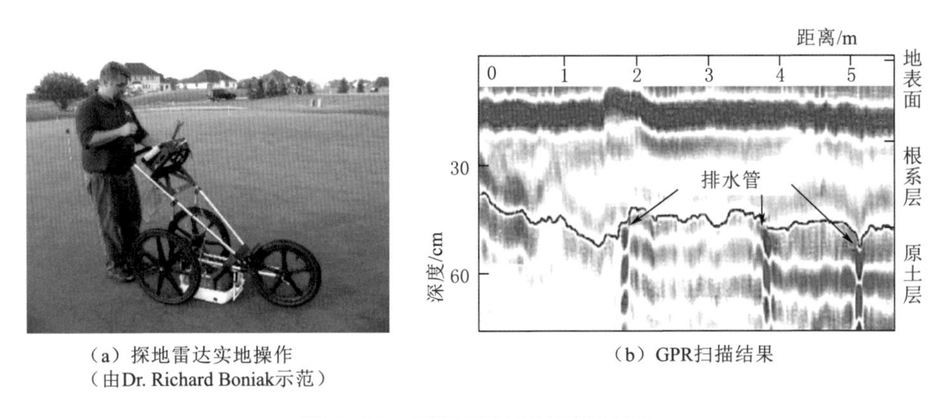

（a）探地雷达实地操作
（由Dr. Richard Boniak示范）

（b）GPR扫描结果

图 2.38 探地雷达及扫描结果

土壤体积的表征性（Bear，1972）以外，最重要的是保证土壤结构的完整性（Intact Property）。

实际上，要从田间获取一个完全不“扰动”的土柱是不可能的，因为在挤压和切割过程中，总会对土柱产生一定的影响。因此，只能在采样的过程中尽量减少对土样的干扰和破坏，特别是尽可能降低采土过程对土样所产生的压缩和震动，以减少对土壤结构和原有特性的影响。

1. 简易采土器的设计

在过去的文献中记载了很多非扰动土柱的采土器和方法，但为了能减少对田区以及作物生长造成的破坏，可使用一种可移动、用手操作、对田区与作物的生长影响小，而且非常经济的简易采土器。此简易采土器特别适用于一般农田的表土采样（Chong 等，1982），其工作原理是利用手操千斤顶将土环和环刀顶入土中，从而获取土样。利用千斤顶的目的是减少在采土过程中产生震动，避免破坏土壤原有的结构。

简易采土器的结构共分两部分：采土架、土环和环刀。除此之外，还需要一个 2t 型的千斤顶、一支手持水平仪、一把棘轮扳手、四支螺旋式的铁桩、一支削土短刀、一个喷水罐及一些木砖。

如图 2.39 所示，采土架是用 5cm 的凵形槽钢和 L 形角钢及两片 15cm（长）×40cm（宽）×0.5cm（厚）的钢板（作底盘用）焊接而成的。在底盘的四个角落各钻一个直径 2.2cm 的圆孔，圆孔的作用主要是让铁桩穿过底盘钻入土中。利用螺旋式铁桩的主要目的是增加阻力，固定采土架的作用是避免在千斤顶上压时导致采土架移动。

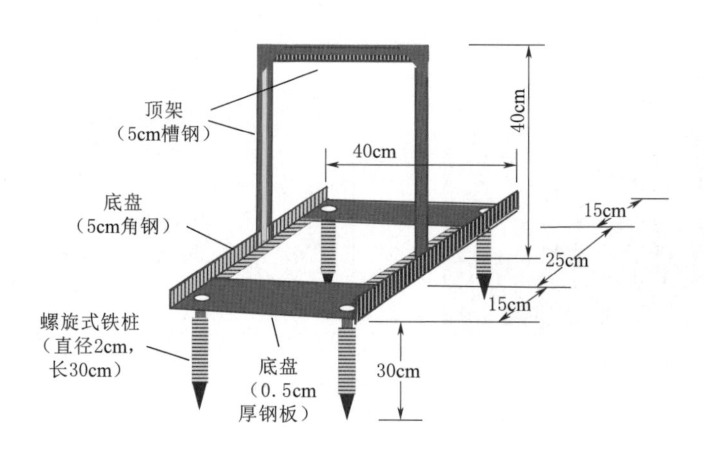

图 2.39　可移动手操采土架

2. 采土时所需的配件

采土时所需的配件包括环刀、土环、纸胶带以及与土环大小相同的

短环（图 2.40）。最好的土环是由内径 10～20cm、管壁厚度 0.5cm 的有机玻璃管（Plexiglass）组成的［图 2.40（a）］。选择有机玻璃管的原因是它的硬度高，不易破裂和变形。而且如果土柱出现问题或有瑕疵时，可以通过透明的管壁观察。两个短环（长为 2cm）主要的作用是在采土过程中保护土柱。在一般的农田，还可以把其中一个短环的一端外边削尖当作环刀使用。但削尖后的有机玻璃遇到石子或粗根就很容易碎裂，因此建议环刀最好还是用不锈钢管制成［图 2.40（b）］。短环和环刀可用 1cm 宽的纸胶带和土环粘在一起，短环连接在土环上端，环刀刀口朝下连接在土环的另一端。安装环刀不但可以让土环容易切入土层，而且能把土样切得平整。

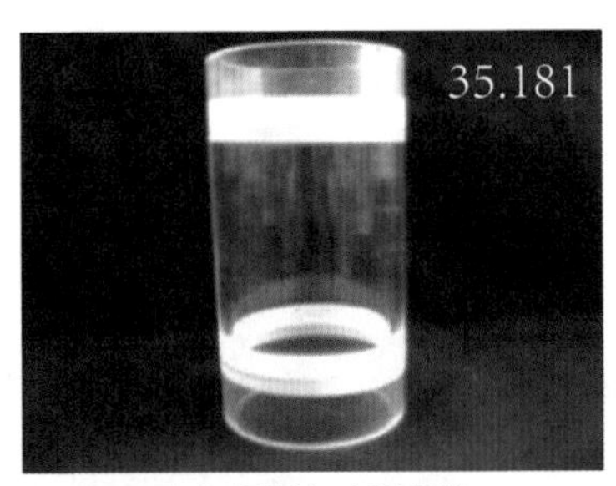

（a）短环与土环相连

（b）金属环刀

（c）短环与土环

（d）削平后的土柱

图 2.40　采土配件及采取削平后的土柱

3. 采土器的操作

在实地操作时，采土架、千斤顶和土环的排列顺序如图 2.41 所示。采土时，土面必须平坦，且其面积必须大于采土架底盘面积，在未安装采土架之前，先把土环暂时放在采土点上，在距离土环外围 2～3cm 处用削泥刀或小铲子挖出一条 3～5cm 深的小沟，其目的是提供堆放被环刀切下的泥土的空间。小沟挖好之后再安装采土架，此时应注意土环的中心点必须和采土架

对齐，并且保持平稳（可用水平仪检视），然后再把螺旋式铁桩用棘轮扳手锁在采土架的四个角落上。在安装千斤顶之前，土环上可以放置一些木砖，再把千斤顶与采土架的顶架对齐，然后开始取样的操作。如果泥土太干、太硬，环刀不易切入，可在环刀下外围泥土喷上少许的水，等泥土软化之后再进行操作。当土环达到所需的深度以后，把千斤顶和采土架移开，取出土环，把短环和环刀卸下，此时把土环和所采的土样用保鲜膜包紧，运回实验室。需要注意的是，在保鲜膜包扎之前，不要把土环两端多出来的泥土削去，因为土环两端凸出的泥土可以用来保护土柱，以免在运送过程中受到碰撞。另外，之所以用保鲜膜包裹，其目的是防止土中的水分蒸发。在疏松的表土上采土的时候，可以不用安装铁桩，只要在采土架的两边底盘上各站一人便可操作取样。

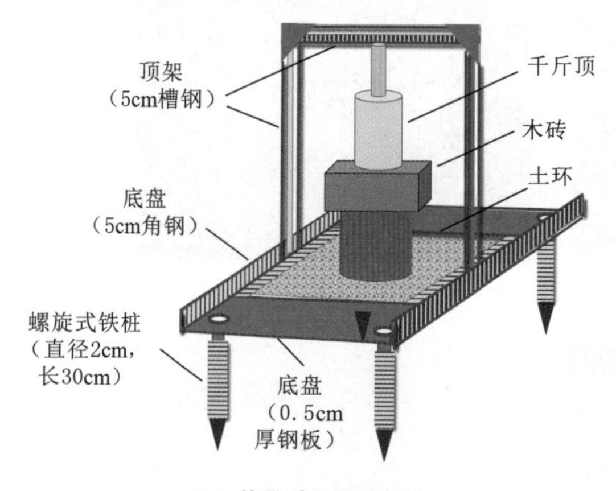

（a）简易采土器示意图

（b）简易采土器实地操作

图2.41　简易采土器操作过程示意图

虽然利用此采土器采土比较费工费时，但所采的土芯土样（Soil Core Sample）品质非常高。采土器的大小可按研究需要做适当调整，在3～4人一起操作的情况下，一个直径20cm、长120cm的土柱可以在3～4h内完成（Chong等，1996）。而且，此采土器还有许多可以改进的地方，因为需要到现场的田间进行采土，往往运输不便，为了节省空间，其钢架可改成折叠式。此外由于整个采土器的材料都为钢材，所以其重量也有很大的改善空间。如图2.42所示，简易手操采土器曾用来采集直径20cm、长120cm的土柱，在实验室中可作为测定农药在土中移动的研究。

（a）实地土芯采样

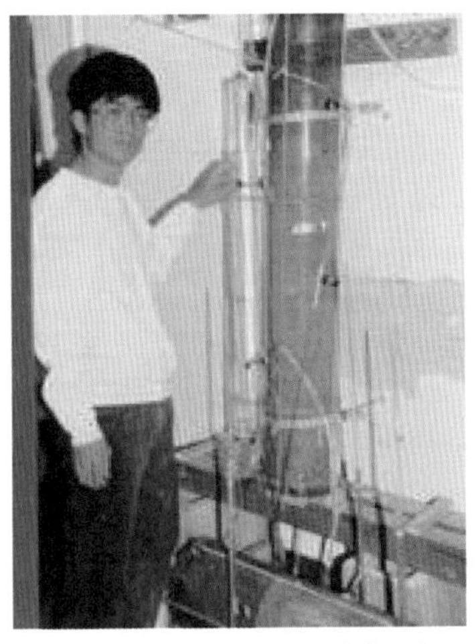

（b）测定农药在土中移动的研究
（图为赵肃菱博士）

图 2.42　简易手操采土器实地操作

参　考　文　献

赵成刚，白冰，王运霞，2012. 土力学原理［M］. 北京：清华大学出版社，北京交通大学出版社.

American Society of Testing Materials（ASTM），1997. Performance of USGA Rootzone Testing Analysis Method F1815－97. Standard test methods for saturated hydraulic conductivity，water retention，porosity，particle density，and bulk density of putting green and sports turf root zones［M］. PA：West Conshohocken.

BATCHELOR G K，1967. An Introduction to fluid dynamics［M］. London：Cambridge University Press.

BRADY N C，WEIL R R，2008. Elements of the nature and properties of soils［M］. New Jersey：Pearson Prentice Hall.

BEAR J，1972. Dynamics of Fluids in Porous Media［M］. New York：American Elsevier Publishing Company.

BOUYOUCOS G J，1962. Hydrometer method improved for making particle size analysis of soils［J］. Agron. Journal，54：464－465.

BOYLE M，FRANKENBERGER W T Jr，STOLZY L H，1989. The influence of organic matter on soil aggregation and water infiltration［J］. Journal of Production Agriculture，2：290－299.

CHONG S K，GREEN R E，KHAN M A，1982. Portable hand-operated soil core sampler［J］. Soil Science Society of America Journal，46：433－434.

CHONG S K, KLUBEK B P, ZHAO S L, 1996. Field extraction of large intact soil cores for leaching studies in the laboratory [J]. Weed Technology, 10: 210 - 216.

DAS B M, 1989. Soil mechanics laboratory manual [M]. San Jose: Engineering Press.

GHILDYAL B P, TRIPATHI R P, 1987. Soil physics [M]. New York: John Wiley & Sons.

HILLEL D, 1980. Fundamentals of soil physics [M]. New York: Academic Press.

JUMIKIS A R, 1984. Soil mechanics [M]. Malabar: FL. Robert E. Krieger Publishing Company.

KEMPER W D, 1965. Aggregate stability [J]. In Black C A (ed) Methods of Soil Analysis. Part 1 Agro Monogr 9 ASA Madison, WI. 511 - 519.

KEMPER W D, CHEPIL W S, 1965. Size distribution of aggregates [J]. In Black C A (ed) Methods of Soil Analysis. Part 1 Agro Monogr 9 ASA Madison, WI. 499 - 510.

KOHNKE H, 1968. Soil physics [M]. New York: McGraw-Hill Company.

NAKILCIOGLU-TAS E, OTLES S, 2019. Physical characterization of Arabica ground coffee with different roasting degrees [J]. Annals of the Brazilian Academy of Sciences, 91: 1 - 15.

SABEY B R, KLUBEK B P, CHONG S K, et al., 2003. Introductory experimental soil science (Revised) [M]. Champaign, Illinois: Stipes Publishing Co.

TAYLOR S A, ASHCROFT G L, 1972. Physical edaphology [M]. San Francisco: The Freeman and Company.

THIEN S J, 1979. A flow diagram for teaching texture-by-feel analysis [J]. Journal of Agronomic Education, 8: 54 - 55.

USDA Soil Survey Staff, 2009. Soil survey field and laboratory methods manual [M] USA: Department of Agriculture.

第 3 章 土壤水分及其势能

水随温度的变化可呈现为固态、液态和气态，而这三种随着温度改变的状态也会在土壤中出现。当然也有一定量的结晶水（Crystal Water）或以 OH^-、H^+ 或 H_3O^+ 等形式与矿物质结合形成的结合水（Bond Water）存在土壤的矿物中，但这一类的水对作物是起不了作用的。

土壤中的固态水主要出现在冻土中，因温度太低，一般作物在冻土中不易或无法生长。气态水在农业中有一定的位置，有些气耕植物，如西班牙苔藓

（a）气耕植物 （西班牙苔藓，摄于夏威夷）

（b）水稻田（摄于中国台湾台南）

（c）旱田（玉米田，摄于黑龙江，由邹文秀博士提供）

（d）旱田（大豆田，摄于伊利诺伊州）

图 3.1 气耕植物、嗜水作物及旱田作物

[Old Man's Beard，图 3.1 (a)]，就靠吸收空气中的水分生长，但这类植物（如兰花等）多为观赏植物。也有很多嗜水作物，如水稻 [图 3.1 (b)]，都是常见的一般食用作物。不过，大部分的农作物都是在旱田中生长 [图 3.1 (c) 和 (d)]，因此本书将以旱田中的液态水为主进行讨论。

3.1　土壤水分及其测定方法

水分子（Water Molecule）是由两个氢原子（H^+）和一个氧原子（O^{2-}）组成，且呈 V 形排列，其夹角约 105°。两个氢原子彼此间的距离约为 1.54Å（1Å=10^{-10}m），而与氧原子的距离约 0.97Å，氧原子则在夹角范围内与氢原子连接，形成不对称的排列（Asymmetrical Arrangement）（Hillel，1980）。因氢原子的一端带正电，而氧原子一端却带负电，从而导致水分子成为极性（Polarity）分子，具有极性性质。正因为具有极性性质，导致水分子不能完全独立，带正电的氢原子会吸引着另一个水分子的氧原子，从而造成氢键接合（Hydrogen Bonding），水分子和水分子之间的吸引称为内聚作用（Cohesion）。此外，水分子也可以和固体结合，称为吸附作用（Adhesion）。由于内聚作用和吸附作用，水的表面张力（Surface Tension）在毛细管中形成毛细管现象（Capillary Phenomena）。土壤是多孔隙介质，土中的大小孔隙串联在一起，如同形状不规则的毛细管，当水进入土中，其毛细管现象就出现了。毛细管现象对水和作物养分在土中的储存与移动有着极大的作用。本章所讨论的土壤水分仅限于土壤颗粒或团粒间储存的水分，不包括结晶或结合水。

测定土壤水分含量的方法有很多（Charlesworth，2000；Munoz-Carpena，2004），在此仅介绍一些比较实际和常用的方法。

3.1.1　烘干法

土壤水分的测定可以使用直接或间接的方法。最直接的方法莫过于传统的烘干法（即重力法，Gravitational Method）。烘干法就是从实地中采取土样，称重（W_w）之后置于 105℃的烘干箱中，经 24～48h（视土样的大小而定）烘干后再称重（W_s），用湿重与烘干重之差与土壤干重作比较，即

$$\theta_w = \frac{W_w - W_s}{W_s} \tag{3.1}$$

由于水分含量是以重量计算，因此称之为重量比（By Weight）。重力法是传统测定土壤水分含量的方法，而且其所测得的结果是标准值。如图 3.2 所示，利用重力法测定土壤水分含量时需要的设备有采土器、天平秤和烘干箱等。

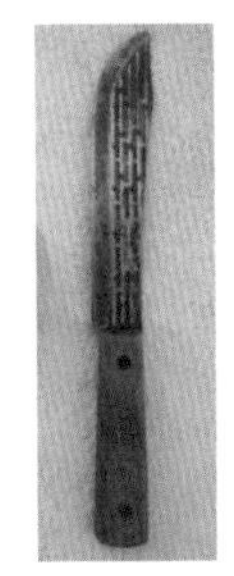
（a）削土刀

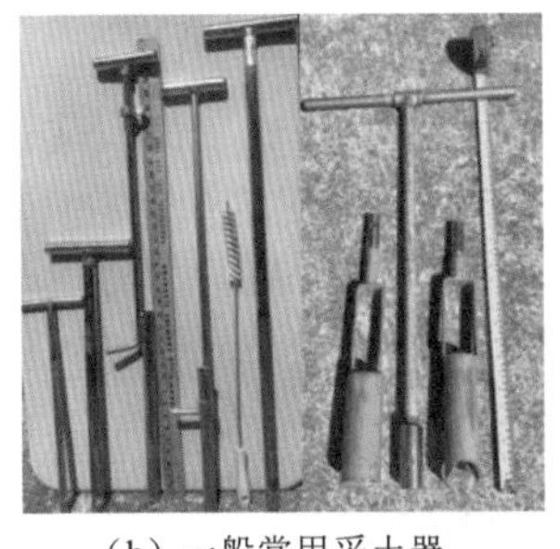
（b）一般常用采土器

（c）土罐和天平秤

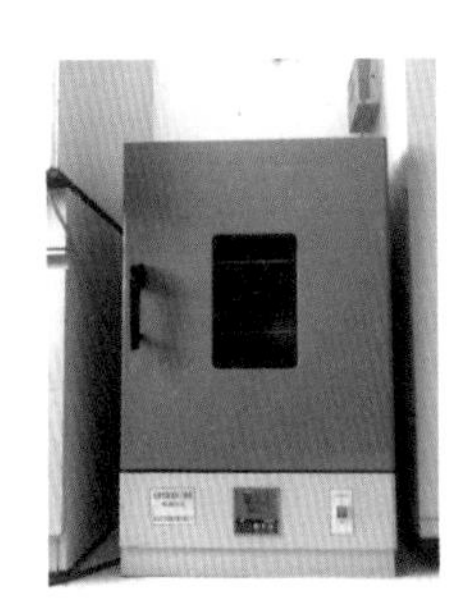
（d）烘干箱

图 3.2　重力法测定土壤水分含量需要的设备

人工采土是非常辛苦的工作，特别是在大面积采样时，为了减少人力的消耗、缩短采样时间，采土作业已经进入机械化。除了采样外，重力法烘干称重等程序也比较繁杂，过程费时费力（往往需要 1～2 天），而且会破坏土层及作物根系。当土壤被取走后，在同一地点不但无法重测，还会影响作物根系的正常发展，以及水和养分在土中的移动。

在第 2 章中提过，另外一种表示土壤水分含量的方式是体积比法（By Volume）。体积比，即单位体积土壤中水的体积。在实际应用中，更多使用体积含水率来表示，所以在采土时最好能同时取得土壤的容积，有了容积便可算出它的容重 ρ_b，再根据式（2.33）便可算出土壤水分含量的体积比。

3.1.2　传感法

由于重力法存在缺点，早期土壤学者发展出一些间接的方法来测定田间水分的变化，譬如把电极安装在多孔隙石膏块（Porous Gypsum Block）中（Stenitzer，1993），如图 3.3（a）所示，然后将石膏块埋在土中，期望石膏块中的水分能与其周围土壤的水分达到平衡，并随之增减。因石膏块水分的增减会影响电阻读数，因此可以用电阻读数来判断土壤水分含量。这种方法可以连续或重复测定，测出读数后再利用电阻读数和水分含量关系换算出水分含量，如图 3.3（b）所示。此方法的缺点是埋在土中的石膏块久了会变质溃烂。此外，建立电阻读数和水分之间的关系不是件容易的事。虽然此方法的成本不高，但过程太过繁杂，已不常被采用。

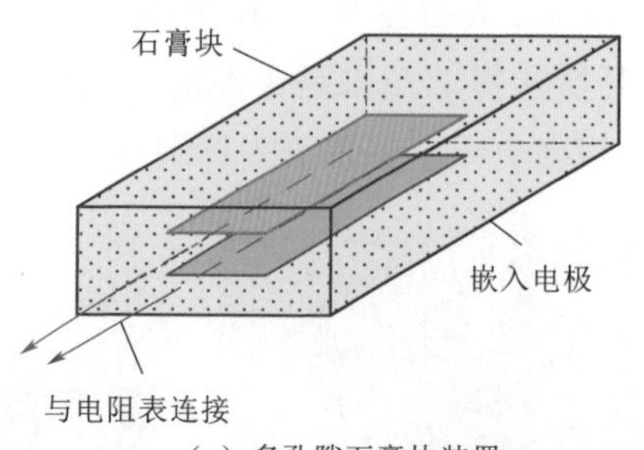

(a) 多孔隙石膏块装置

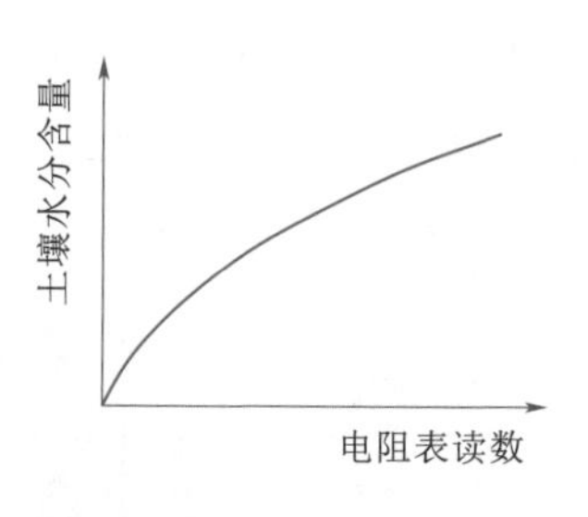

(b) 水分校正曲线

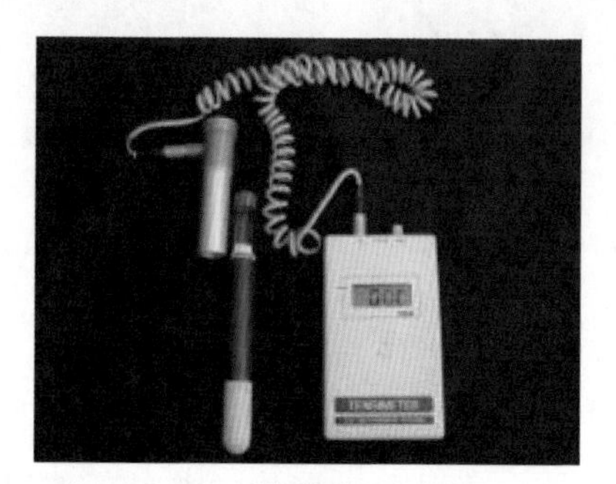

(c) 压力传感张力计

图 3.3 传感法采用的仪器

由于土壤水分含量的改变，其毛细管的水势能也随之改变，所以就可以利用张力计（Tension Meter）测出土壤水势能（Soil Water Potential 或 Capillary Tension），再由土壤水势能估算土壤中的水分含量。

但是，利用张力计来测定土壤水分含量还是会受到许多的限制，如早期的张力计是多孔隙瓷杯连接水银柱来检测势能，多孔隙瓷杯只能在高水分含量土层中使用，此外还得建立土壤水分含量与土壤势能的关系，再去估算土壤水分含量。这种间接测得土壤水分含量的方法固然有其优点，除需要建立土壤势能和水分的关系之外，更麻烦的是还得定时进行维护并在张力计瓷杯中加水。

随着科技的进步，现在已经把水银柱改用压力感测器（Pressure Transducer）来替代，如图 3.3（c）所示，把土壤势能数值化后直接读取，非常方便。张力计的适用范围视所用的瓷杯而定，为－50～0kPa。

3.1.3 时域反射计

自 20 世纪 80 年代初期，Topp 在美国土壤学会年会中介绍了时域反射

计（Time Domain Reflectometry，TDR）（Topp 等，1985）之后，将它注册为土壤湿度反射分析仪（Instrument for Reflectometry Analysis of Moisture in Soils，IRAMS）[图 3.4（a)]，其成为最早的 TDR 土壤湿度市售仪器。此仪器广受学者的欢迎，原因为：①TDR（图 3.4）携带安全轻便，容易操作；②对土层扰动不大，快速省时，所测的结果相当准确（图 3.5）；③最为重要的是，TDR 所测出来的水分含量为体积比；④时域反射计还可以安装在农用多功能运输车上，如图 3.6 所示，与计算机和地球定位系统连接在一起，可在农田中进行大面积操作。

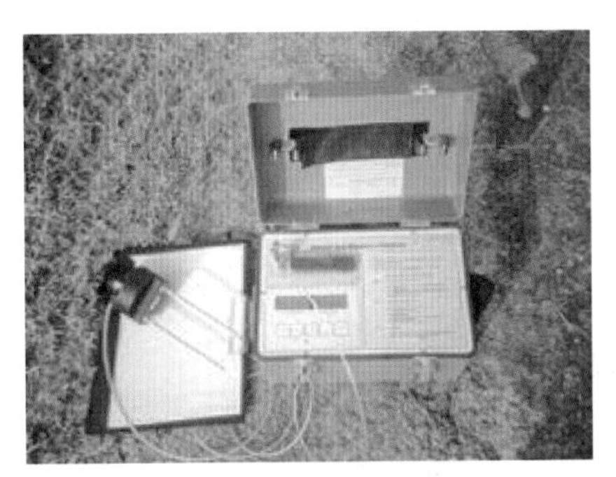

（a）最早市售的土壤湿度反射分析仪（IRAMS）

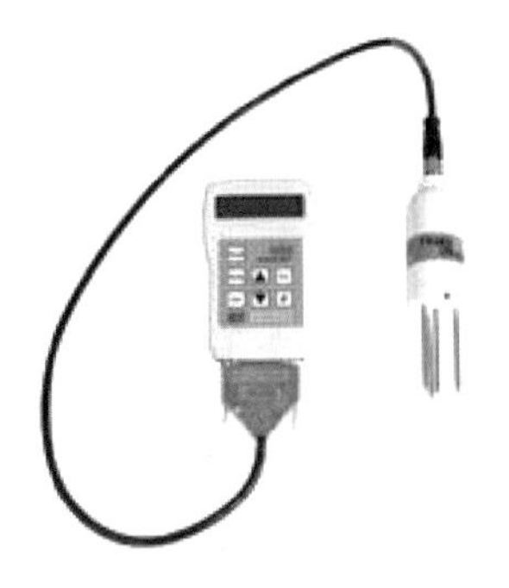

（b）弗吉尼亚设备有限公司生产的ML3 TDR（适合在表土使用）

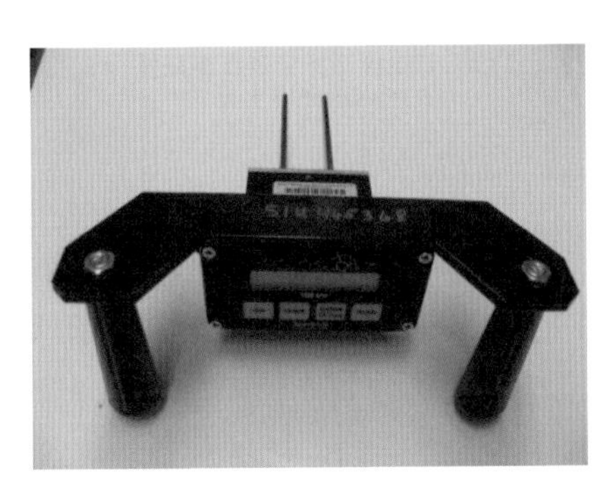

（c）光谱技术公司生产的TDR

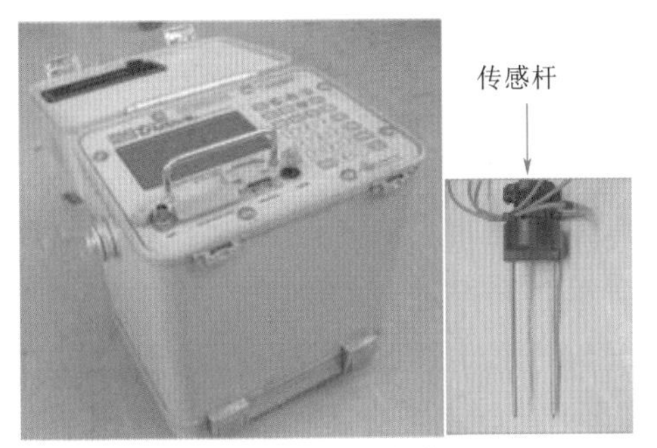

（d）美国土壤水分公司生产的TRASE（可与计算机连接）

图 3.4 市售不同种类的时域反射计

但是利用时域反射计对粗质地和盐碱土进行水分含量测定时有时必须做一定的校正。此外，对不同深度土层进行水分含量测定时，需要使用不同长度的传感杆（Wave Guide）。近年来，由于科技的不断进步，除了 TDR 之外，市面上也出现了许多大小不同的便携式土壤水分计。这类水分计测出的

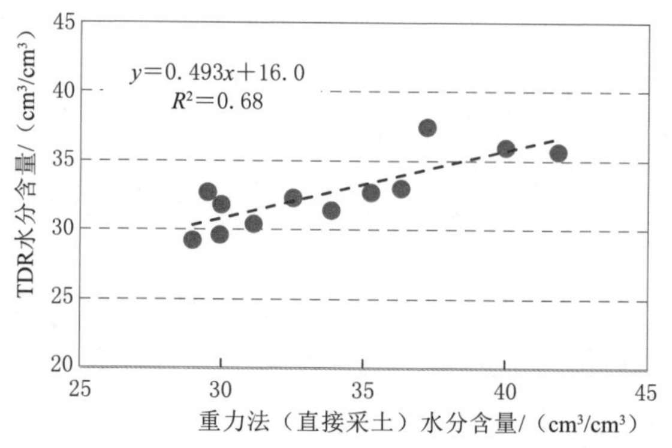

图 3.5　时域反射计和传统重力法在不同土壤中所测定的水分含量比较

（a）多功能运输车
（由Tim Green博士提供）

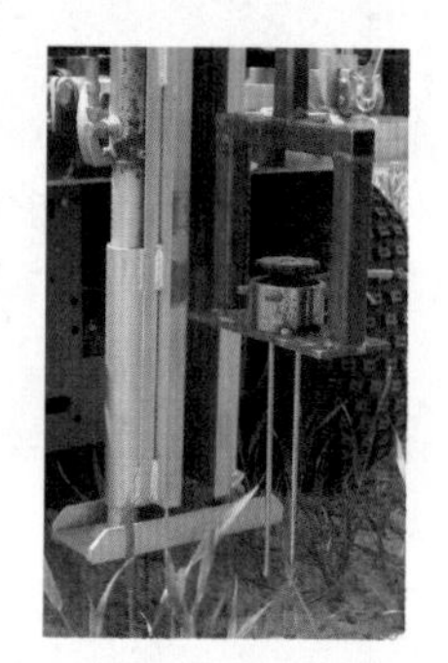

（b）TDR传感杆安装在车尾
（由Tim Green博士提供）

图 3.6　安装在农用多功能运输车上的时域反射计

结果虽然是相对值，但价位不高，携带轻便，容易操作，广受灌溉管理人员的青睐。根据过去的经验，此类水分计如同 TDR，往往会受土壤性质或所施加肥料的影响，所以最好在使用前进行校准。

3.1.4　中子散射法和地面穿透雷达法

中子探测仪原本用来测定土壤的压实度（即土壤容重）（Lal R，1974），但它也可以应用在测定土壤水分含量上。中子探测仪的种类繁多，例如地表中子探测仪只适用于表土的土壤压实度和水分含量的测定［图 2.36（a）］，垂直中子探测仪［图 2.36（b）］可以探测数十米深土层的压实度和水分含量，但事先必须安装金属引管（Access Tube）［图 2.36（c）］，再将垂直中子探测仪引入深土中测定。中子探测仪具有辐射作用，安全起见，相关技术人员必须经过训

练才能使用。由于矿物质与有机物质的密度不同，一般不建议在含高有机物质的土中使用中子探测仪。

探地雷达（Ground Penetrating Radar）（Boniak 等，2008；Chong 等，2000）虽然目前无法准确测定土壤水分含量或土壤的压实度，但它可以对不同地区土壤水分含量进行比较。此仪器曾在高尔夫球场及田区灌溉中使用，但由于探地雷达的价格昂贵，而且在测定土壤水分含量上还有待进一步的研究，所以目前没有大量推广使用。

中子探测仪和探地雷达在第 2 章测定土壤密度中已讨论，在此不再重复。

3.2 土壤水势能的定义与组成

水在土壤中的移动和变化受制于水中潜藏的势能（Water Potential），即水势能。水势能是指在一定的高度或基点，在等温及一定压力的情况下，每单位量的纯水可逆向移动所做的功（Work）（Hillel，1980）。在此所指的水势能是自由能（Free Energy），原因是土壤的水势能由许多不同的势能组成（Hillel，1980；Whalley 等，2013），而自由能是众势能的总和。

与农作物有关的主要势能包括重力势能（Gravitational Potential）、渗透势能（Osmotic Potential）和基质势能（Matric Potential），即

$$\psi_T = \psi_g + \psi_o + \psi_m \tag{3.2}$$

式中：ψ_T 为总势能，kPa；ψ_g 为重力势能，kPa；ψ_o 为渗透势能，kPa；ψ_m 为基质势能，kPa。

3.2.1 重力势能（Gravitational Potential）

顾名思义，重力势能是受重力所产生的势能。如果土壤水位高于基准点，水就会从高水位（高势能）往低水位（低势能）移动，因此重力势能通常为正值。土壤水位和基准水位的水头差即重力势能。必须注意的是，重力势能与土壤的质地或结构完全无关。

3.2.2 渗透势能（Osmotic Potential）

渗透势能也称溶质能，常在浓度不同的溶液中发生，如图 3.7 所示

(Koorevaar 等，1985)。在多孔隙或半透膜的水槽中［图 3.7 (a)］，同时置入等量但不同浓度的溶液［图 3.7 (b)］，如海水和淡水，放置一段时间后可以观察到高浓度溶液的液面逐渐上升，当溶液升至一定的高度之后［图 3.7 (c)］，此时两种溶液所潜藏的势能差足以阻止低浓度溶液中的分子往高浓度溶液方向移动，而两种溶液所潜藏的势能差就是渗透势能。最后由于水位不同，高势能液体会往低势能液体方向移动，最后两水槽的势能达到平衡。渗透势能在总体土壤水分移动中并未受到太大的重视，但在作物根系吸收水分和养分中却扮演了一个非常重要的角色。纯水如蒸馏水的水势能定义为零，因此溶液势能不可能为正。随着溶液浓度的增加，引起水势能降低，因此渗透势能更趋于负值。

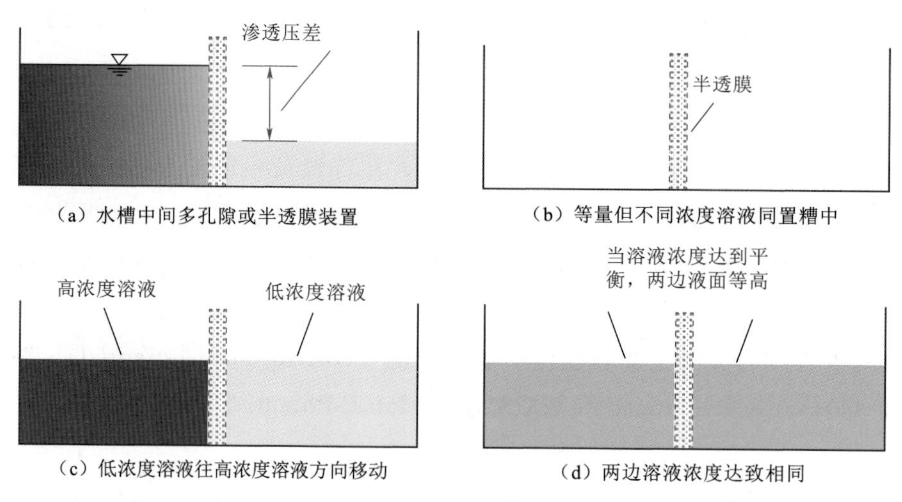

图 3.7　渗透势能发生过程

3.2.3　基质势能（Matric Potential）

土壤是多孔隙固体，土中孔隙相互串联形成类似念珠状孔道，水在孔道中因为水分子间的内聚和固体间的吸附而产生了表面张力（Surface Tension），因而出现了毛细管现象（Capillary Phenomena），促使水在孔道中移动。这种现象只受土壤本身的影响，与外在因素没有关系。为了进一步说明重力势能、渗透势能和基质势能的关系，如图 3.8 所示，把一个已经饱和的土柱，放置在一个多孔隙瓷板（透水不透气）上，下面连接排水管，排水管的出水口设置在土柱的下方，土柱中的水可利用毛细管作用将其引出。假设

基准线设在土柱和多孔隙瓷板的界面上，则在基准线以上为重力势能（正势能），在基准线以下至出水口是负势能，且总势能为全部势能的代数和。

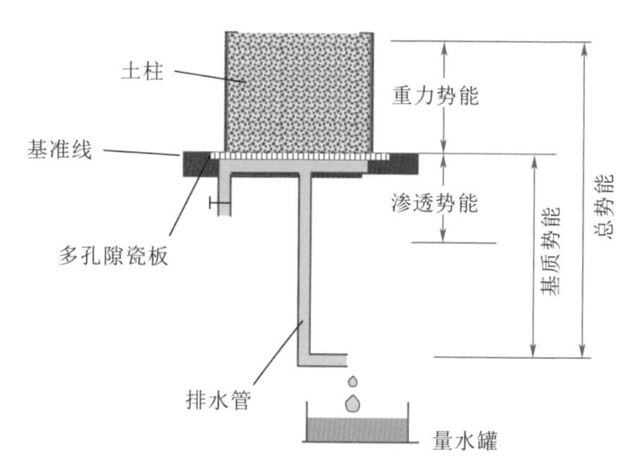

图 3.8　毛细管排水装置示意图

3.3　毛细管现象

在非饱和土中，水和溶质的移动都是通过毛细管现象来完成的。在地下水位高的地方或者河岸边，毛细管水的上升现象显而易见，如图 3.9（a）所示。在一般的旱地中，特别是在黄河河套一带，毛细管水的移动现象虽然不易察觉，但可以通过盐分在地表的浮现观察到溶质通过毛细管作用移动的现象，如图 3.9（b）所示，这是溶质通过毛细管作用移动的典型例子。

（a）河岸边毛细管水现象

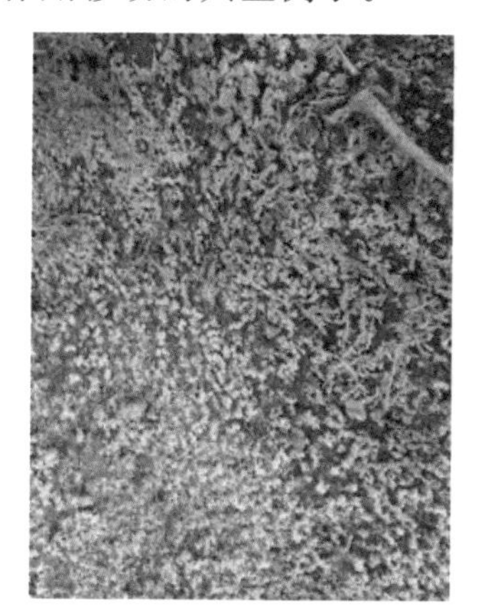

（b）盐碱地表浮现白色的盐分

图 3.9　毛细管现象

水分子的内聚作用是由于氢键的结合（Hydrogen Bonding），但水分子和固体的结合就不同了，不但需要考虑水分子之间的内聚力，还需要考虑水分对固体附着力的关系。在一个固体的平面上，假若附着力所产生的势能大于水分子之间所产生的内聚势能，水就会沿着固体往外移动［这是一般常见的吸湿或浸润现象（Adsorption）］。反之，若附着力所产生的势能小于水分子之间所产生的内聚势能，那么水就会沿着固体表面收缩（如水银落在桌面上后向内收缩，形成球状），即收缩现象。无论是浸润现象还是收缩现象，都取决于水和固体两者之间的接触角度（Contact Angle）α，浸润是因为两者之间的接触角度属于锐角，即 $\alpha<\pi/2$；而收缩是因为两者之间的接触角度属于钝角，即 $\alpha>\pi/2$。明白了这个概念，就可以更加清晰地明白水在毛细管中的反应了。

当毛细管插入水中，由于水和毛细管管壁的接触属于浸润现象，所以毛细管内的水和空气之间的界面就形成一个凹液面（Concave Meniscus），毛细管中的水就沿着水的张力在毛细管中往上移动，又因为液面上承受的是大气压，所以水的上升是在承受负压力的情况下移动的，此负压力（即基质吸力）来自于水的表面张力 σ。当毛细管内的水柱所产生的向下的重力与向上提升（图 3.10）的表面张力相等时，毛细管内的水就会停止上升，此时毛细管中水柱的高度与水槽水面之差 h 即毛细管势能，因它受负压力提升，因此毛细管势能属于负势能（Hillel，1980；郭素珍，1998）。

按应用力学原理，表面张力所产生的纵向 y 与横向 x 的张力（图 3.11）可分别写成 $F_{\sigma y}=\sigma\sin\alpha$，与 $F_{\sigma x}=\sigma\cos\alpha$。

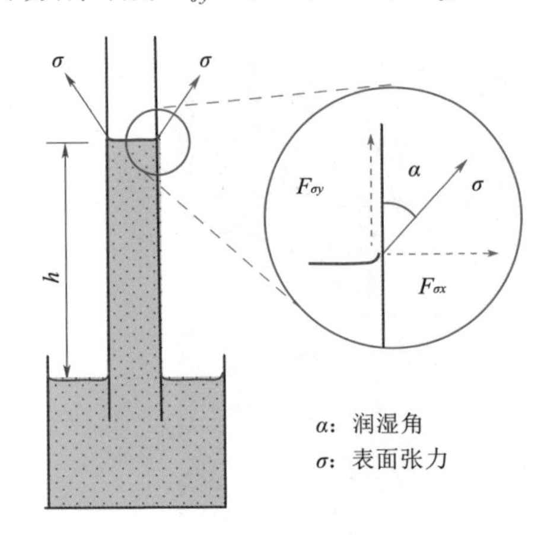

图 3.10　上升毛细管水柱所承受的各种力

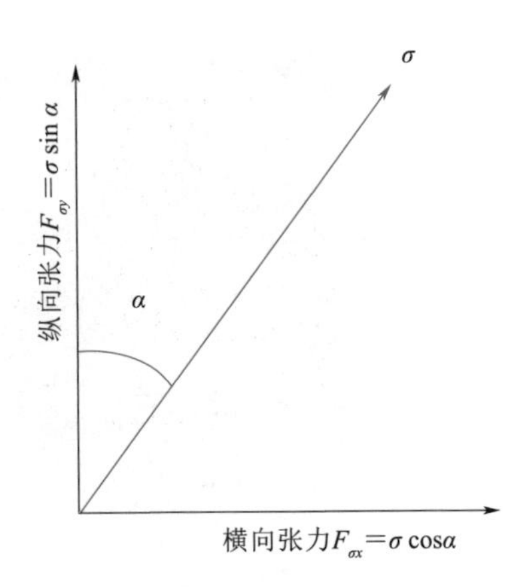

图 3.11　毛细管中的纵向 y 与横向 x 的张力

如图 3.10 所示，假设毛细管的半径为 r，若把毛细管中上升的水柱通过应用力学来分析，则水柱所承受的向上的力应为毛细管垂直方向的总张力，也就是毛细管内壁每一点所承受的张力的总和（图 3.12），即 $2\pi r\sigma\cos\alpha$（毛细管周长×纵向液体表面张力）。而向下的力应为水柱的重力，即 $\pi r^2 h\rho_{wg}$（水柱的体积×水的密度）。

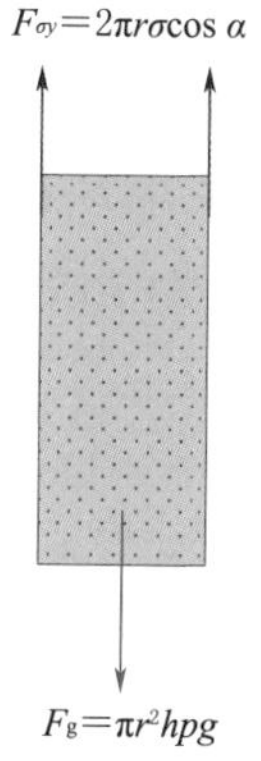

当毛细管水停止上升时，水柱在垂直方向（图 3.12）所承受的重力 F_g，应该与毛细管内的总表面张力与 $F_{\sigma y}$ 相等，即

$$\text{总表面张力}=\text{水重力}\Rightarrow F_{\sigma y}=F_g$$

$F_{\sigma y}=2\pi r\sigma\cos\alpha$

$F_g=\pi r^2 hpg$

图 3.12 上升毛细管水柱在垂直方向上所承受的力

也就是说

$$2\pi r\sigma\cos\alpha=\pi r^2 h\rho_w g \tag{3.3}$$

式（3.3）也可以写成

$$h=\frac{2\sigma\cos\alpha}{r\rho_w g} \tag{3.4}$$

由式（3.4）可看出毛细管水的上升与水的张力、水与固体的接触角度、毛细管的粗细及水的密度都有关。在常温情况下，水的接触角度趋近于零，因此 $\cos\alpha$ 趋近于 1。此外，在标准情况下 σ、ρ_w 及 g 均为常数，即 $\sigma=75\text{dyn/cm}$，$\rho_w=1\text{g/cm}^3$，$g=980\text{dyn/g}$[1]。若将上述常数代入式（3.4），可得

$$h=\frac{0.15}{r} \tag{3.5}$$

式（3.5）中：r 值的单位为 cm，而所算出的 h（毛细管的升高水位）的单位亦为 cm。很显然，水在毛细管中的上升高度与毛细管的半径成反比，也就是说毛细管的管径越小，管中的水会上升得越高。

3.4 毛细管的迟滞现象

在 3.2 节的基质势能中讨论过，土壤是多孔隙固体，土中孔隙相互串联

[1] dyn 为力的单位，达因。

形成类似念珠状孔道，但是这些孔道并非如图3.10中所示的有规则的毛细管。在实验室中，若有两支形状相同但管径不规则的毛细管（管A和管B），如图3.13（a）所示，管A先灌满水，管B为空管，同时插入水槽中，随后观察管中水的移动。会发现管A因事先灌满水，毛细管中水的重力比张力大，张力无法承受，水会从管A中流出。这就跟土壤经饱和后排水的现象相似，是脱湿（Desorption）或排水（Imbibition）现象（郭素珍，1998）。相反，管B插入水槽中时是空管，因毛细管作用，水会从毛细管中向上升，这就是吸湿或浸润现象（Adsorption）。当两支毛细管中的水达到平衡后，可观察到水在两支毛细管中停留的位置不同，如图3.13（b）所示。在不规则的毛细管中，因吸湿（润湿）和脱湿（排水）过程会导致毛细管中水位有差异，这就是毛细管迟滞现象（Capillary Hysteresis Phenomenon）（Iwata等，1995；Beese等，1976）。土壤毛细管迟滞现象常发生在降雨或灌溉田中，尤其是地下水或河流水位交替上升或下降的土层中会表现得更加明显（郭素珍，1998）。

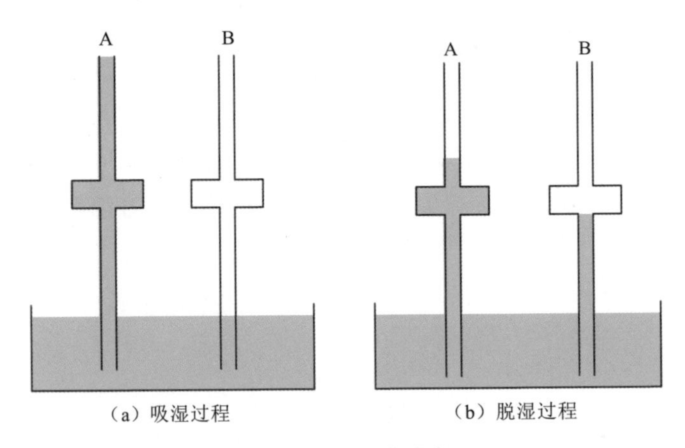

图3.13　迟滞现象

3.5　水势能单位及土壤水分特征曲线

3.5.1　水势能单位

在讨论如何测定土壤水分特征曲线之前，可以先了解土壤水势能常用的单位（Units）。在相关文献中，用来表示水势能的单位很多，在此只选四个在农业土壤中常用的单位来说明。

（1）大气压（Atmospheric Pressure，atm）。

（2）水头（Waterhead）。

（3）巴（bar）。

（4）帕斯卡（Pascal，Pa）。

单位换算关系如下：

1 大气压（atm）≈1 巴（bar）。

1 巴（bar）≈1020 水头（Waterhead）。

1 千帕斯卡（kPa）≈10 水头（Waterhead）≈0.01 巴（bar）。

1 百万帕斯卡（MPa）$=10^3$ 千帕斯卡（kPa）＝10 巴（bar）≈10 大气压（atm）。

3.5.2 土壤水分特征曲线

通过图 3.8 中的土柱来简单说明土壤势能与土壤水分含量的关系。假设在图 3.8 土柱的多孔隙瓷板底下安装一根小水管，而这根管是土柱中唯一水能流出的通道。在试验之前多孔隙瓷板、小水管和土柱都充满了水，因为多孔隙瓷板、小水管以及土柱都已经饱和，所以在整个系统都不会有气泡或空气进入，此时土柱的水势能为 0。假如基准线定在多孔隙瓷板和土柱的接触界面上，出水口和基准线的距离为 h（即为负势能），当出水口向下移动时，如图 3.14 所示，一开始土柱中的水不会立即流出，但当 h 的距离增加到某一点时，水就会慢慢流出来，与此同时空气也开始进入土柱的土壤中，这一临界 h 值就是进气势能（Air-entry Potential 或 Air-entry Value），即 $h=-\psi$

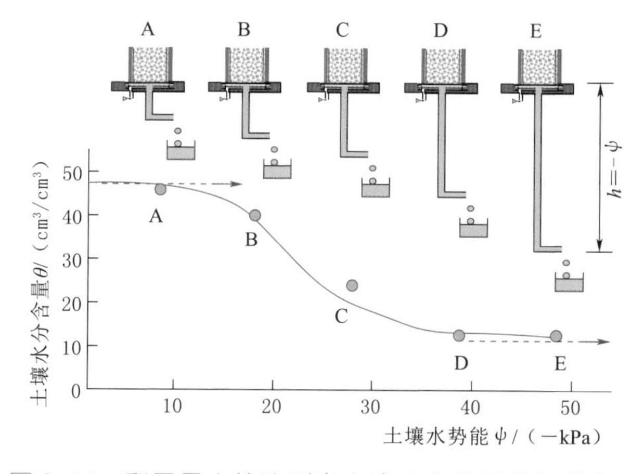

图 3.14 利用悬水柱法测定土壤水分特征曲线示意图

（图 3.14）。由于土柱中的水是因负势能而流出的，所以土柱中所能保持的水分含量会比饱和点低。假定 h 的距离持续增加，会有更多的水从土柱中流出来，那么土柱中所保持的水分含量也会越来越少。但是当 h 的距离继续增加，土柱中的水不会继续流出，会因土壤强大的吸力而停止，此时留在土柱中的水分称为残余水分含量 θ_r（Residual Water Content）（图 3.14）。如果把土柱中所保持的水分含量与距离 h（或势能）分别绘在图中的 x-y 轴上，再把这些点用线连起来，连线即土壤水分特征曲线（Soil Water Characteristic Curve）。

每种土壤的水分特征曲线都是不同的，与人类的指纹类似，它代表了每种土壤的特性，是研究土壤水分和溶质在土中移动所必须具备的参数。平时在实验室研究时，所绘制的土壤水分特征曲线常把水分含量 θ 放在图中的 y 轴上，而把势能 ψ 放在图中的 x 轴上，如图 3.15（a）所示。但是在实际应用时，应该把水分含量 θ 放在图中的 x 轴上，而把势能 ψ 放在图中的 y 轴上［图 3.15（b）］。原因是 $\theta-\psi$ 曲线斜率 $\left(\frac{d\psi}{d\theta}\right)$ 的倒数（即 $\frac{d\theta}{d\psi}$，称为比水容量），在定义土壤扩散系数 $D(\theta)$ 或利用扩散概念来计算土壤水分或溶质在土中移动时有特殊的意义。此外，在农业应用上，势能所跨越的范围为 -1500～0kPa（从土壤饱和到作物凋萎系数），非常宽广，一般都以对数（Logarithmic Scale）绘制。图 3.15 也表明了进气势能（Air Entry Potential）及残余水分含量（Residual Water Content）的位置。

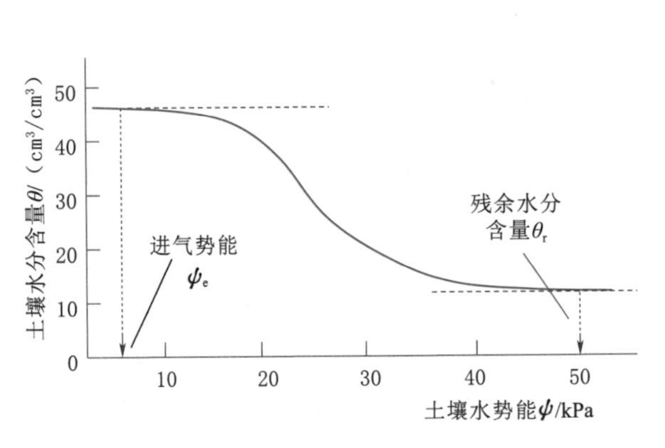

（a）水势能与水分含量特征曲线

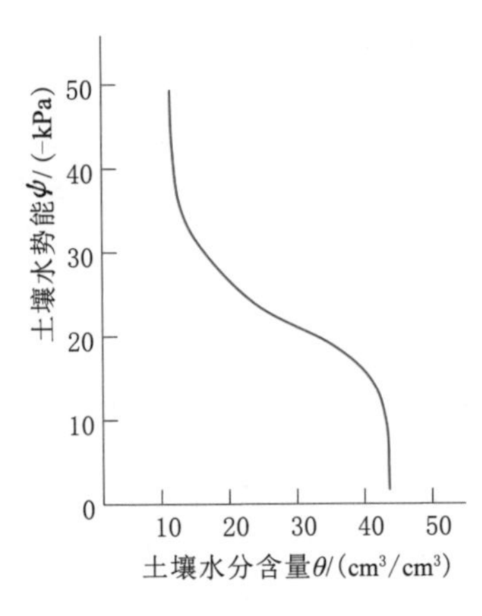

（b）水分含量与水势能特征曲线

图 3.15　土壤水分特征曲线

3.5.3 土壤水分特征曲线与土壤质地和结构的关系

土壤的质地越细，所组成的毛细管孔道就越小，其保水能力就越强。在相同势能的情况下，不同质地土壤的保水能力是黏土大于壤土，砂土的保水能力最差。此外，结构良好的土壤的保水能力也会比同质地但结构不良的土壤强，这种现象在高势能或高水分含量情况下更为显著，如图 3.16（a）所示。而图 3.16（b）为结构良好的壤土与没有结构的壤土之间的保水能力的比较，由图中的曲线可以看出结构良好的壤土，当势能继续减小时（负值），大团粒间的水因其孔径大，会先析出（脱湿），当大孔隙中的水完全排出之后，虽然势能持续减小，但仍无法让储存在小团粒中的水分析出，所以曲线保持不变，直到势能减至与小团粒间水势能相同或比其更低时，水才开始继续流出。由图 3.16（b）也可以看出结构良好的土壤水分特征曲线比较不平滑。

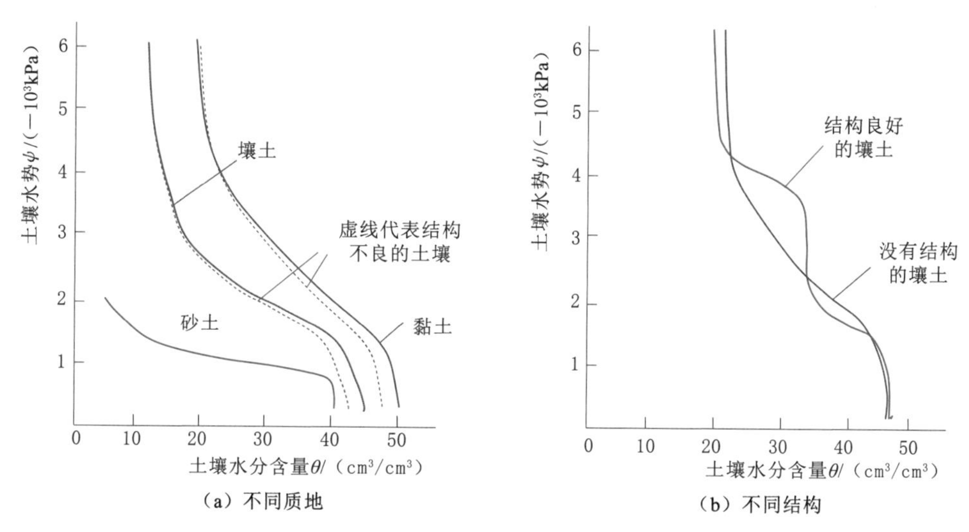

图 3.16 不同质地及结构土壤水分特征曲线

3.5.4 土壤水迟滞现象

3.5.3 节所示的土壤水分特征曲线都是从脱湿（排水，Desorption Process）过程中测量得到的。但是其实土壤水分特征曲线并不是如此简单，在 3.4 节中已经提过，土壤在吸湿（润湿）和脱湿（排水）过程中所测得的水分特征曲线几乎都不会重合，脱湿过程土中所保持的水分含量会比润湿过程中要高。更为复杂的是，因为毛细管孔道是不规则的，所以在吸湿（润湿）和脱湿（排水）过程中，水在孔道中的移动有部分是可回逆的，但大部分都是不可回逆的。造成这种现象的原因主要与毛细管的管径大小有关。由式（3.4）可知，土壤毛细管的势能主要由孔隙管径的大小 r 和液体与固体两者间的接触角度 α 控制。

土壤水分特征曲线不如图 3.14 所示的那么简单。在实际的情况下，出现这么简单曲线的概率可以说是微乎其微的。其实土壤水分特征曲线的复杂性是土壤物理学中最具挑战的一部分。不但不同土壤质地和结构的水分特征曲线不一样，就连同一土柱在吸湿和脱湿过程中的水分特征曲线也不一样。

以图 3.17（a）中不规则孔隙为例，这种不规则的孔隙在吸湿和脱湿过程中造成墨水瓶效应（Ink-bottle Effect），这种效应就足以让土壤水分特征曲线千变万化。这种不规则孔隙管径的最大部分在孔隙的中间，而最小部分在孔隙的两端。如果此毛细管灌满了水，如图 3.17（b）所示的管 A，再排水时，管中的水位可能会停在管 B 的位置。如果毛细管的管底得到水的供应，那么管 B 的水位可能会因毛细管作用上升至管 C 的位置，或更高至管 D 的位置。但此时因毛细管的半径变大，毛细管中水的表面张力无法把水继续向上拉，水位就此稳定下来。既然水停止了，那么水就不可能回逆到把孔隙填满的位置，即管 E 或管 A 的位置。但因脱湿，管 D 的水还是可以回逆到管 B 和管 C 位置，可是即使回逆到管 B 和管 C 位置时，其管中的水位也不一

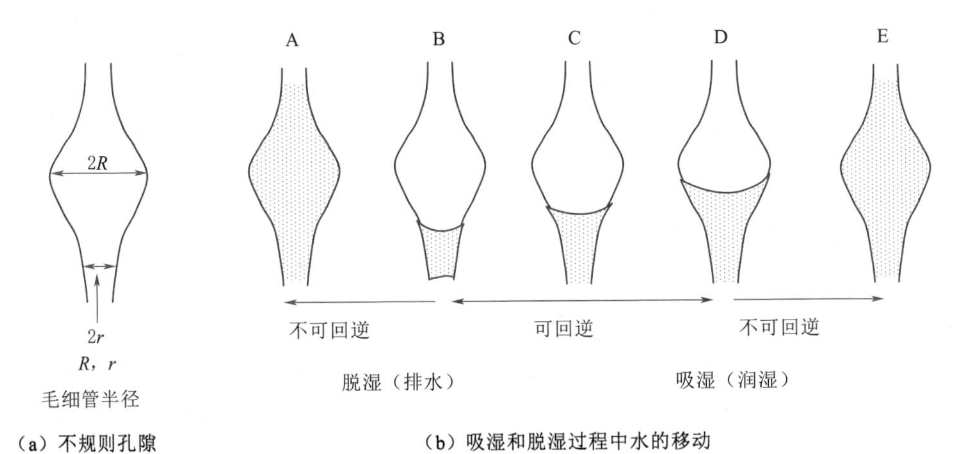

图 3.17　不规则孔隙在吸湿和脱湿过程管中所保持的水位

定会停留在吸湿前的同一位置，所以水分特征曲线因吸湿和脱湿回逆产生的曲线重合的机会不大（图 3.18）。此外，水要是从管 D 位置回逆到管 E 位置或从管 B 位置回逆到管 A 位置更不可能，除非整个土层重新灌满了水，让土壤再次完全饱和。

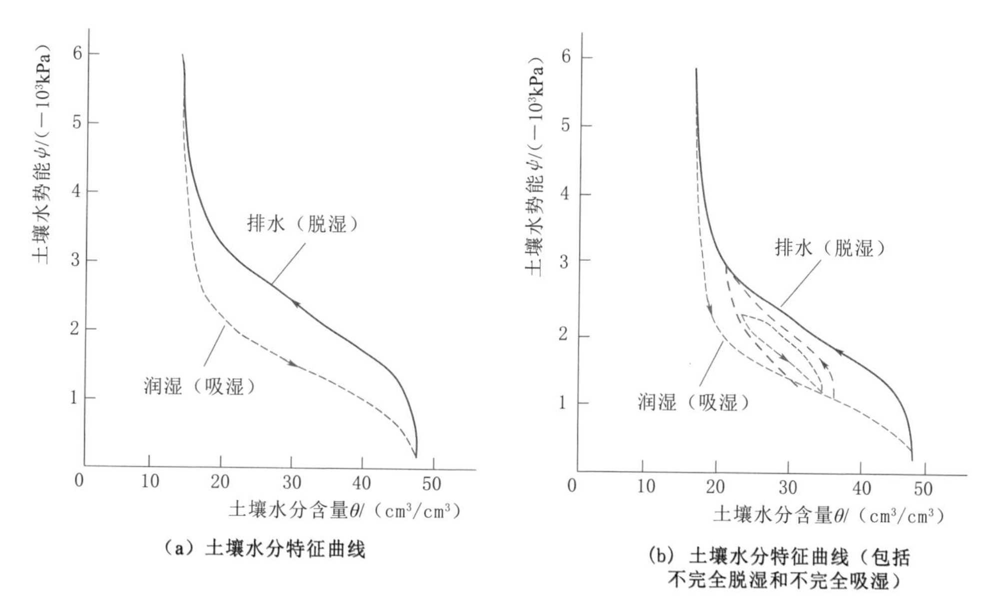

图 3.18　同一土柱排水和润湿过程因迟滞现象可能形成的水分特征曲线

形成如此复杂现象的另一个原因是水在吸湿和脱湿过程中，水和土壤间的接触角度 α 发生了变化。虽然变化不大，但是会影响毛细管的张力。在讨论式（3.4）时是以吸湿过程进行说明的，如图 3.19（a）所示，管中的水面是向上的，其接触角度为 α_a（a 代表吸湿）。但在脱湿过程中，管中的水面是向下的，如图 3.19（b）所示，其接触角度为 α_d（d 代表脱湿）。因为脱湿的毛细管水面弯月比吸湿水面大，即 $\alpha_a > \alpha_d$。按式（3.4），其接触角度越大，$\cos\alpha$ 的值会越小，也就是说 $\cos\alpha_d > \cos\alpha_a$。因此，在同一土柱中，脱湿时毛细管的张力会比吸湿时的张力大，所保持的水量也不同。

以上所讨论的都是基于土壤中的孔隙通道是不变形的。其实在吸湿和脱湿过程中，土壤本身也会湿胀干缩，特别是在 2∶1 型晶体结构的黏土中，不只是造成毛孔变形，还会阻塞孔隙原有的通道，使土壤孔隙分布发生改变，这些因素都会造成土壤水的迟滞现象。

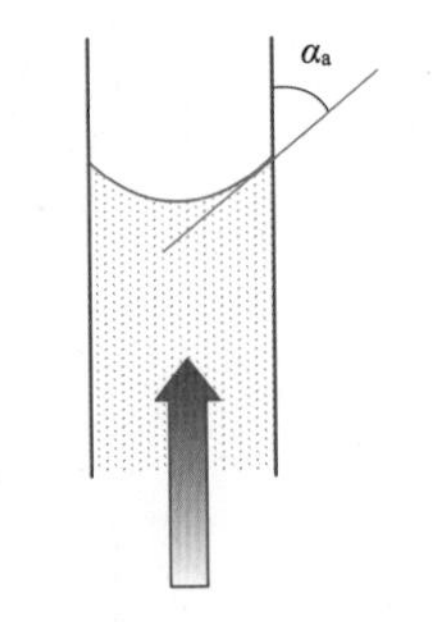

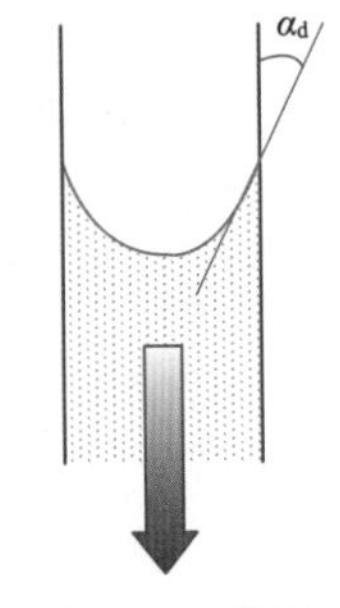

（a）毛细管吸湿（润湿）过程　　（b）毛细管脱湿（排水）过程

图 3.19　脱湿和吸湿所产生毛细管水面弯月

3.6　土壤水势能的测定方法

土壤水势能可以从田间直接测定，也可以在实验室里用不同仪器来测定（Brady 和 Weil，2008；Hillel，1980；Whalley 等，2013）。由于土壤水势能跨越的范围很大（从饱和到完全干燥），所以往往受技术和器材的限制，很难用单一方法或仪器去测定一个土样完整的水分特征曲线。

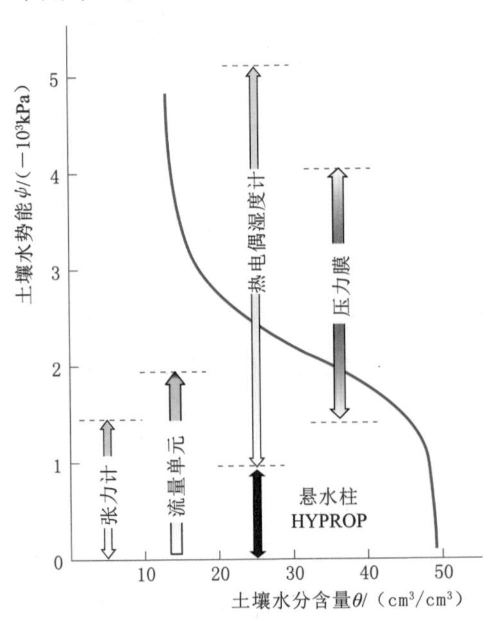

图 3.20　常用的方法和仪器所适用的水势能范围

测定土壤水势能的方法很多，包括以下几种。

（1）悬水柱法（Hanging Water Column Method）。

（2）流量或坦佩单元法（Flow Cell or Tempe Cell）。

（3）压力膜（板）法（Pressure Plate Apparatus）。

（4）热电偶温度计法（Thermocouple Psychrometer）。

（5）张力计法（Tensiometer）。

以上的每种方法有各自的适用范围和局限性。在不同的水势能范围内进行测量，所用的方法和仪器都不同，图 3.20 为常用的方法和

仪器所适用的水势能范围。现将各种常用方法和仪器进行说明。

3.6.1 悬水柱法

悬水柱法是将干燥的土壤连接在多孔隙瓷板上，利用虹吸作用（Siphon）引出土壤中的水分，通常用在高水势能的范围内（湿土，最理想的势能范围是－10～0kPa或－100～0cm水头）。悬水柱法也是一种分析孔隙分布的常用方法（Chong等，2001，2002，2004，2006）。悬水柱法的装置如图3.21所示，每一套悬水系统只能测试一个土柱。在测定的过程中，只要在水势能的控制范围内，等土柱中的水停止流出后测出流量，即可直接移到下一水头，中间无须移动土柱。

图3.21 悬水柱法装置

悬水柱法的主要器材和配件如图3.22（a）和（b）所示。

悬水柱法的主要器材和配件如下：

（1）经饱和后只能通水不通气的多孔隙瓷板，如图3.22（c）和（d）所示。

（2）抗压透明软管，如图3.22（e）所示。

（3）200mL的量筒。

（4）橡皮塞，如图3.22（b）所示。

（5）防蒸发罩。

（6）尖嘴细管出水口，出水口必须尖细，以免空气进入，如图3.22（f）所示。

用悬水柱法进行测量的时候必须清除系统中所有气泡，并严防漏压，使用抗压透明软管当水柱，一是可以检查是否会出现气泡，二是避免软管受压变形而影响出水量。在进行试验前，需要先将土柱和多孔隙瓷板分别饱和处理，再将土柱放到多孔隙瓷板上。当土壤处于饱和状态时，其所具有的基势能为0，当排水管出水口往下降至某指定距离时（如－20cm），土壤由于受基势能的影响，土壤中的水分就会经抗压透明软管流入量筒中，当水停止流出之后（需12～24h），读出量筒中水的流出量，再把出水口往下移至

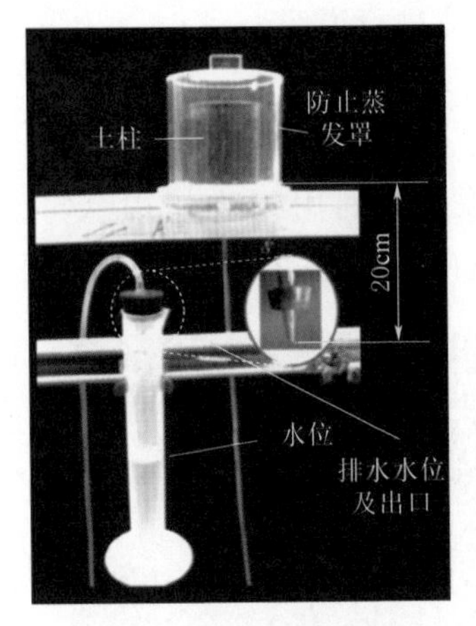

(a) 悬水柱系统

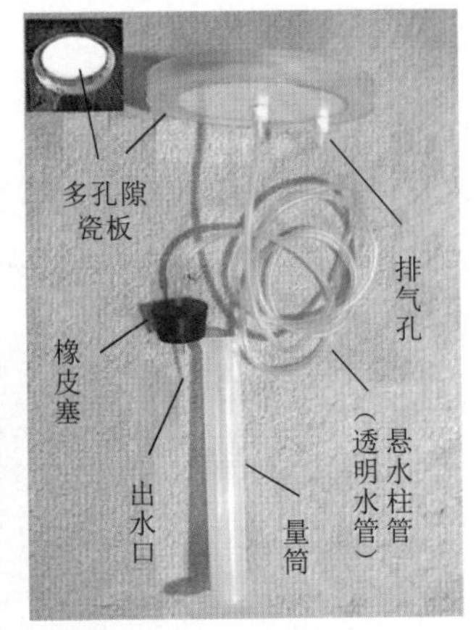

(b) 悬水柱所需配件

(c) 多孔隙瓷板(嵌在玻璃纤维板上)

(d) 在纤维板上设置出水孔和排气孔

(e) 抗压透明软管

(f) 尖嘴细管出水口

图3.22　悬水柱法所需要的器材与配件图

−40cm处,持续进行直至指定的水势能为止。在试验的过程中,必须防止水从系统中蒸发。土壤中的水势能会越来越小(基势能为负值),土壤中所能保持的水分含量也越来越低。值得一提的是,在一般文献中出现的土壤水分特征曲线,绝大部分的资料都是按上述的脱湿(排水)(Desorption)过程测定的。

3.6.2　流量或坦佩单元法

在高水势能(高水分含量)范围内,另一种常见的测定土壤水势能的方法是流量单元法(Flow Cell)或坦佩单元法(Tempe Cell),其装置如图3.23(a)所示。流量单元法与悬水柱法很相似,但是流量单元法是利用压缩空气经过歧管和调节系统(Manifold and Regulating System)[图3.23(b)]调控不同气压,然后再引入到各流量单元或高压容器中,土柱受到空气挤压后

析出水分，而悬水柱法则是利用毛细管作用把水从土中引出来。流量单元或高压容器在实验室中的操作如图 3.24 所示。

（a）流量单元或坦佩单元装置
（由Tim Green提供）

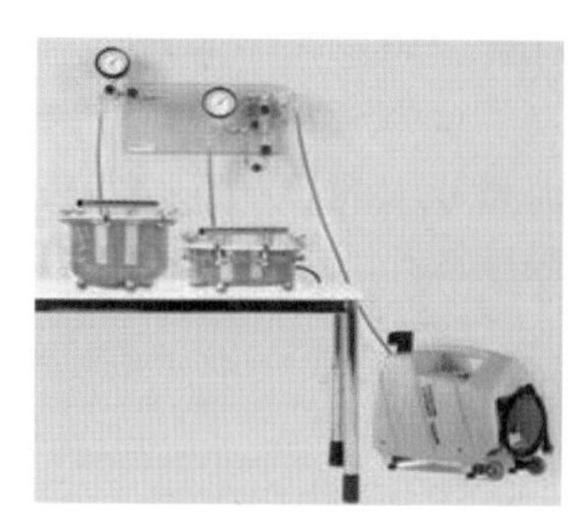

（b）压缩空气歧管和调节系统

图 3.23　流量或坦佩单元装置以及压缩空气歧管和调节系统示意图

（a）实验室单元装置
（由Tim Green提供）

（b）连接多个流量单元同时测定
（由Tim Green提供）

（c）连接多个高压容器同时测定

图 3.24　流量单元或高压容器在实验室中的操作

同样，流量单元法与悬水柱法一样，每次都只能测量单一土柱。在测定的过程中，当前的气压测完流出的水量后，便可直接换至下一气压势能的测定，直到所有指定气压势能测完为止。这种方法实际适用的气压势能范围往往视所用的压力膜或陶瓷板而定，一般情况下为－50～－40kPa。但在高势能情况下，特别是水势能大于－10kPa 时，流量单元法没有悬水柱法来得敏感。

3.6.3　压力膜（板）法

压力膜（板）法又称压力锅法，与流量单元法的装置类似，但这种方法所引进的气压范围为－1500～－50kPa 或更低（主要受所用的压力膜或多孔隙瓷板限制）。因为系统需要承受巨大的压力，所以密封容器用金属（如压力锅）来替代［图 3.25（a)］。同样，气压仍是利用高压气泵或高压氮气瓶经过压缩空气歧管和调节系统来控制。测定过程可以将不同的气压分别引进不同的压力容器中，也可以连接多个压力容器［图 3.25（b)］，同时调节不同的气压进行测定。因为系统的气压很高，所以多孔隙瓷板必须使用能承受

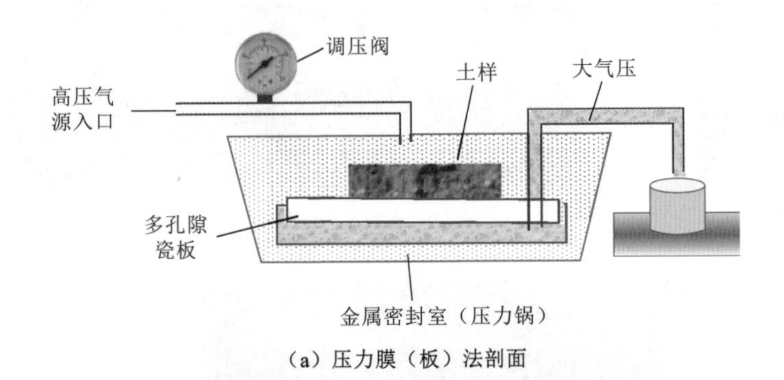

（a）压力膜（板）法剖面

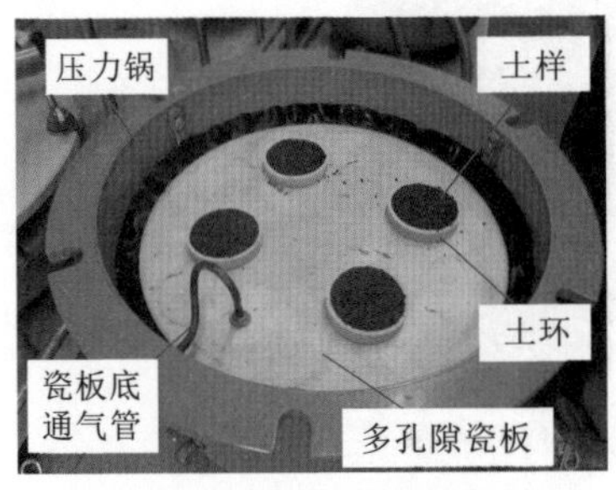

（b）高压多孔隙板上置放重组土样

（c）高压多孔隙板上放置非扰动土样

图 3.25　利用高压气流在密封室中（压力锅）测定土壤水势能

高压的材料。

在过去很多时候都是用复合土样进行水势能的测定，但是如果密封容器足够大，最好是用非扰动土样来进行水势能的测试。压力容器在每一土样的水势能测完后，必须将土样取出称重[图 3.25 (c)]，求出土样中的水分含量，这点和悬水柱法或流量单元法是不同的，因此，在同一密封室容器内或同一多孔瓷板上可同时放置不同的土样进行测试。

3.6.4 热电偶湿度计法

测定土壤的水势能其实是一件很烦琐的事情，而且仪器特殊，不容易操作，在测定过程中经常会出现一些问题。在 20 世纪 60 年代，就有不少学者利用热电偶湿度计来测量土壤的水势能，如今已有不少类似的产品在市面上出现。如由 UMS-AG 和土边形设备合并后的 Meter Group Inc. 推出的 HYPROP 蒸发仪和 WP4C 露点水势仪（图 3.26）。

(a) HYPROP蒸发仪

(b) WP4C露点水势仪

图 3.26 热电偶湿度计

HYPROP 蒸发仪所能测定的水势能范围与悬水柱法差不多，土样在自然蒸发的情况下，利用微型张力计测出其水势能，同时间的土样重量则由电子天平测得，经过特定的软件求算出其水分特征曲线。

WP4C 湿度计又称为露点水势仪，其所能测定的水势能范围为－1500～－100kPa 或更低。

3.6.5 张力计法

田间测定主要是利用土壤张力计和时域反射计在同一点同时进行测定（图 3.27 和图 3.28），前者测定土壤的水势能，后者测定土壤水分含量。在测定之前，必须将测点进行灌溉，待土层饱和之后，再利用排水过程对土壤测定（详细方法可参阅第 5 章的田间测定导水系数部分）。当然能在田间直接测定土壤水分特征曲线最为理想，但在田间进行也有它的限制。以目前的条件，在田间直接测定土壤水分特征曲线，所能测定的水势能范围为－50～0kPa，也就是从土壤饱和至田间持水量之间的范围。

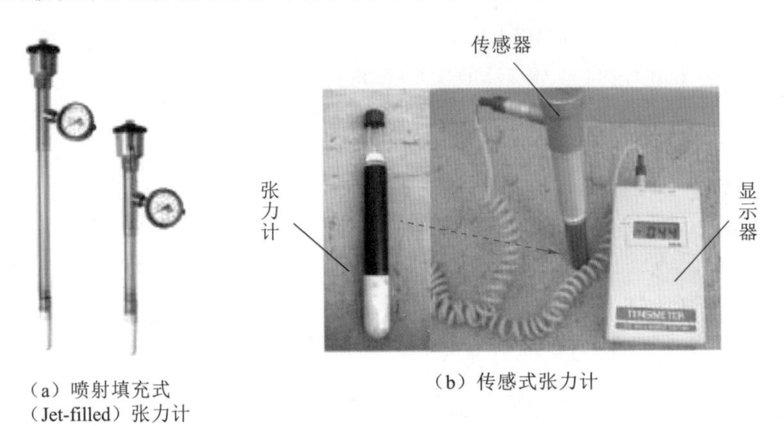

（a）喷射填充式（Jet-filled）张力计　　（b）传感式张力计

图 3.27　一般常用的张力计

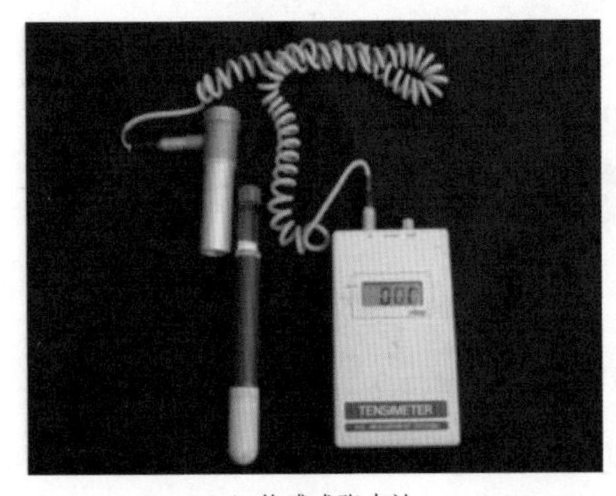

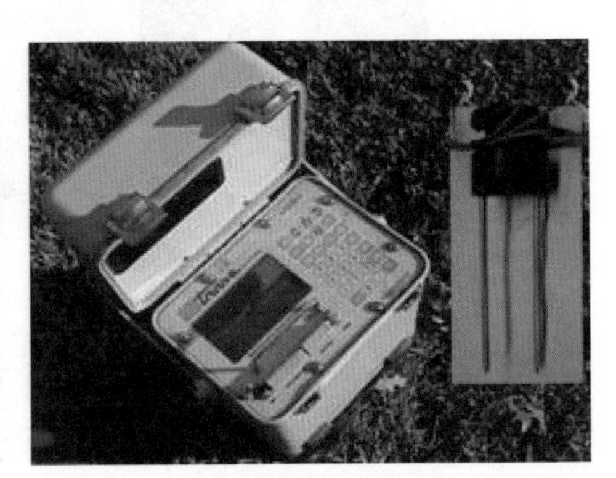

（a）传感式张力计　　（b）TDR水分测定仪

图 3.28　传感式张力计和 TDR 水分测定仪

3.6.6　常用土壤水分特征曲线的数学模式

如前所述，土壤水分特征曲线是研究土壤物理学，特别是研究土壤水动力学及溶质在土中移动的重要参考和依据，它不仅代表土壤的基本特性，还提供许多实用的价值，是土壤物理学中最具挑战性的内容，具体包括以下几个方面。

（1）土壤水分特征曲线提供土壤的水势能与含水量的互换关系。若利用张力计在田间测定土壤的水分含量，就必须在测定前建立土壤水分特征曲线才能换算。

（2）利用土壤水分特征曲线可以推算出土壤孔隙的大小分布。

（3）土壤水分特征曲线斜率倒数称为土壤比水容量 $C(\theta)$，即 $C(\theta)=\frac{d\theta}{d\psi}$。如果用扩散理论来说明水或溶质在土中的移动，土壤比水容量是扩散系数的一个重要参数。此外，土壤水分特征曲线也可用来推算土壤的导水系数（Van Genuchten 和 Nielsen，1985）。

（4）对农业活动来说，研究人员可以从土壤水分特征曲线中了解和估算土壤水分对农作物的有效范围。这部分将在下节中进行更加深入的讨论。

不可否认，土壤水分特征曲线在土壤物理学的研究和实践中占有重要的地位，但要测得此参数却很不容易。因此，很多学者想尽办法希望利用土壤转换函数（Pedotransfer Function）或数学方程来模拟土壤水分含量与水势能的关系。遗憾的是，土壤水分特征曲线不仅仅随着土壤的质地和结构而改变，还会受到土壤的吸湿与脱湿过程的影响，因此其变化状况非常复杂。

很显然，土壤水分特征曲线并非简单的线性或单值函数。大多数的文献根据土壤的脱湿过程，利用平均曲线可推导其经验方程式。其最常见的方程式有以下三个：

（1）Brooks 和 Corey（1964）方程。用 Θ 代表有效饱和度（Effective Saturation），即

$$\Theta=\frac{\theta-\theta_r}{\theta_s-\theta_r}=\left(\frac{\psi_e}{\psi_m}\right)^{\lambda} \tag{3.6}$$

当 $\psi_m>\psi_e$ 时，
$$\Theta=1$$

当 $\psi_m\leqslant\psi_e$ 时，
$$\Theta=\left(\frac{\psi_e}{\psi_m}\right)^{\lambda}$$

式中：ψ_e为进气势能［图 3.15（b）］；θ_r为残余土壤的水分含量；λ 为参数（与土壤孔隙的大小分布有关）。

（2）Campbell（1974）方程。用土壤的饱和度 $S=\frac{\theta}{\theta_s}$来表示，即

$$\psi_m=\psi_e\left(\frac{\theta}{\theta_s}\right)^{-b} \tag{3.7}$$

式中：b 值和土壤质地有关。

（3）Van Genuchten（1980）方程。

$$\Theta=\frac{\theta-\theta_r}{\theta_s-\theta_r}=\left[\frac{1}{1+(\alpha\psi_m)^n}\right]^m \tag{3.8}$$

式中：θ_r、θ_s 分别为残余土壤水分含量和饱和土壤水分含量；ψ_m 为土壤基势能；α、n 和 m 均为参数，随土壤水分特征曲线而异，其中 m 值可简化为 $m=1-\left(\frac{1}{n}\right)$。

以上三个方程中，Van Genuchten（1980）方程最常被学者采用。

为了方便使用 Van Genuchten 方程，美国盐度实验室（U. S. Salinity Laboratory，AR-SEA，USDA，Riverside，CA）在 1999 年按照回归的原理编写出与式（3.8）土壤水分特征曲线方程拟合的软件 RETC。此外，中文软件 vanFit 配合压力膜仪所测得的数据，也可算出式（3.8）土壤水分特征曲线方程。

3.7　土壤水的分类与土壤水分特征曲线在农业上的应用

其实，土壤水分特征曲线在农业上经常被使用。在讨论之前，先了解土壤孔隙和水的关系，因为灌溉管理的决策往往根据水土分类的状况而决定。在分类时，把水和土壤以及水和作物间的关系分开讨论。前者为物理分类法（Physical Classification），而后者则为生物分类法（Biological Classification）。值得注意的是两种分类方法都与土壤孔隙的大小和分布有关，因此本书先讨论土壤的孔隙分类，然后了解土壤水的分类。

3.7.1　土壤孔隙的分类

根据美国土壤学会的建议，土壤的大孔隙（Macro-Pore）及微孔隙（Micro-Pore）的孔径分界分别为 $d\geqslant 0.075$mm 及 $d\leqslant 0.03$mm，见表 3.1（Brewer，1964；Luxmoore，1981；SSSA，2008）。

根据毛细管方程，$h=0.15/r$［式（3.5）］（孔隙半径 r 的单位必须是 cm），分别计算出土壤大孔隙及微孔隙的水势能，$h=-4$kPa 及 -10kPa。因此利用悬水柱法测定土壤孔隙的大小分布时，水势能为 -4kPa（-40cm 水头）及 -10kPa（-100cm 水头）是必测的水势能点。

表 3.1 土壤孔隙分级以及根据孔径的下限按毛细管方程计算出来的相对水势能

等　级	次分级	相对孔径级限 /μm	相对水势能 /(−kPa)	相对水势能 /cm 水头
大孔隙	粗	5000		
	中	2000～5000	0.06	0.6
	细	1000～2000	0.15	1.5
	微细	75～1000	0.3	3
中孔隙		30～75	4	40
微孔隙		5～30	10	100
超微孔隙		0.1～5	60	600
极微空隙		<0.1	—	—

图 3.29（a）是利用悬水柱法测得的两种不同草坪根系层材料的土壤水

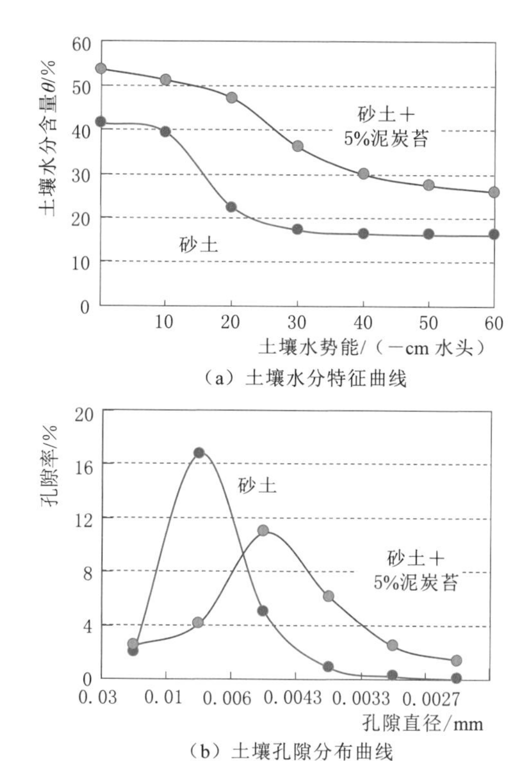

（a）土壤水分特征曲线

（b）土壤孔隙分布曲线

图 3.29 两种不同草坪根系层材料的土壤水分特征曲线以及土壤孔隙分布曲线

分特征曲线。这两种根系层材料虽然同样是砂土，但不同的是其中一种在砂土中添加5%泥炭苔（Peat Moss）。图3.29（b）是利用图3.29（a）中的土壤水势能，按照式（3.5）算出来的土壤孔隙分布曲线。此土壤水分曲线的水势能测定范围虽然只有－60～0cm水头，但还是可以从中得到很多信息。从总孔隙率到保水能力，以及在砂土中添加泥炭苔所造成土壤孔隙的大小分布的改变，都可以从土壤孔隙分布曲线中显示出来。从这个简单的例子可以看出土壤水分特征曲线在土壤物理学研究中的重要性。

3.7.2　土壤水的物理分类

土壤水的物理分类（Brady 和 Weil，2008）包括了重力水（Gravitational Water）、毛细管水（Capillary Water）和吸着水（Hydroscopic Water）三种。

（1）重力水是指在降雨或灌溉后储存在土壤大孔隙（Macro-Pore）中的水分。这部分水主要受重力的影响，会从土壤中很快流失，在土层中的滞留时间不长，对作物的贡献不大，属于作物无效水，但它能够促使空气在土壤中的流通，对空气循环和土壤中氧气的补充有很大的作用。

（2）毛细管水是指受毛细管作用储存在土层中的水分，这部分水大都是储存在土壤中孔隙（Meso-Pore）及微孔隙（Micro-Pore）中，受到毛细管作用控制，类似土中的蓄水池一样，为作物提供所需的养分和水分，非常重要。

（3）吸着水是指附着在土壤固体表面的水分子，一般而言其含量不高，对作物没有贡献。

以上三种水分的分类界线并不明确，而且常常随着土壤的质地和结构的不同而改变。

3.7.3　土壤水的生物分类

土壤水的生物分类是指利用土壤水和作物的关系来分类。生物分类也分为三个类别，即田间持水量（Field Capacity）、永久凋萎系数（Permanent Wilting Coefficient）以及作物有效水分含量（Plant Available Water）。

（1）田间持水量是指土壤经饱和后，当重力水排出土层土后所能保存的水分含量。此参数不仅与土壤的性质有关，还会受土壤周围气候环境的影响。土层中的重力水在饱和后是否完全消失，何时消失，并无明确的界线。

但为了省水以及能让作物有足够的水分生长，在灌溉管理上，一般都以灌溉48h后土壤所能保持的水分为准。田间持水量在灌溉管理上常常被用作灌溉的上限指数，主要是为了避免过量的灌溉或因水分无法在土壤中保存而浪费水资源，所以在估算灌水量时常常不用土壤总孔隙率，而是以田间持水量作为灌水量的上限，这点在节水和作物水分利用的观念上是正确的。

但另一方面，以灌溉48h后土壤水分含量作为作物有效水分的上限还存在争议。因为很多田间的试验结果显示，土层经饱和后24h和48h之间的水分含量虽有些差异但相差不大，此外作物一经灌水之后，缺水现象很快就消失，因此也有些学者建议把作物有效水分的上限提升至灌水后24h的土壤水分含量较为实际。

（2）永久凋萎系数。当土壤水分逐渐减少至某一程度时，作物便开始因缺水而凋萎，即使加以灌溉，作物仍然无法恢复其正常生长，此时的土壤水分含量已达所谓的永久凋萎点。永久凋萎系数不仅和土壤有关，也跟作物有关，因为不同作物在相同的土壤水分含量情况下永久凋萎系数也不一致。

（3）作物有效水分含量。很显然，根据以上讨论，土壤能被作物利用的水分（Plant Available Water）应该在田间持水量至永久凋萎系数之间。原因是重力水容易流失，而低于永久凋萎系数的水无法被作物吸收，这两类水分对作物而言均属无效水分含量（Non-available Water）。

若从势能的角度看，因土壤质地的不同，田间持水量的相对势能为$-30\sim-10$kPa，永久凋萎系数为-1500kPa，而附着系数则为-3×10^3kPa。

如果把不同质地的土壤由细到粗和田间持水量及永久凋萎系数描绘在一起，如图3.30所示，不难看出质地越细，土壤保持水分的能力就越高。图中亦显示能提供作物有效利用水分含量（即田间持水量与永久凋萎系数之差）最多的应为中等质地的壤土而非黏土，原因是黏土对水分吸附力强，无法被作物利用。

为了易于了解土壤水的分类及作物有效水分范围、孔隙的分布以及土壤水势能的相关性，并且方便对土壤水分的管理，在此利用理想土壤水分特征曲线来简单说明（Chong 等，1991；Brewer，1964；SSSA，2008）。如图3.31所示，在制图时把土壤水分绘在x轴上，而右边的y轴则为土壤水势能，图的左上方是土壤经饱和后的排水时间，从$t=0$开始。图中土壤总孔隙

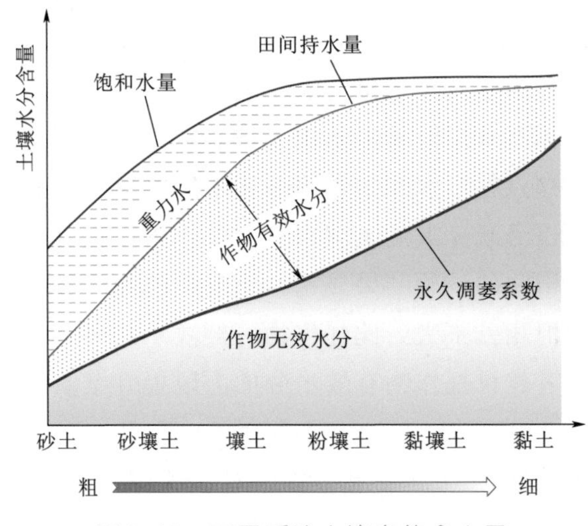

图 3.30　不同质地土壤有效含水量

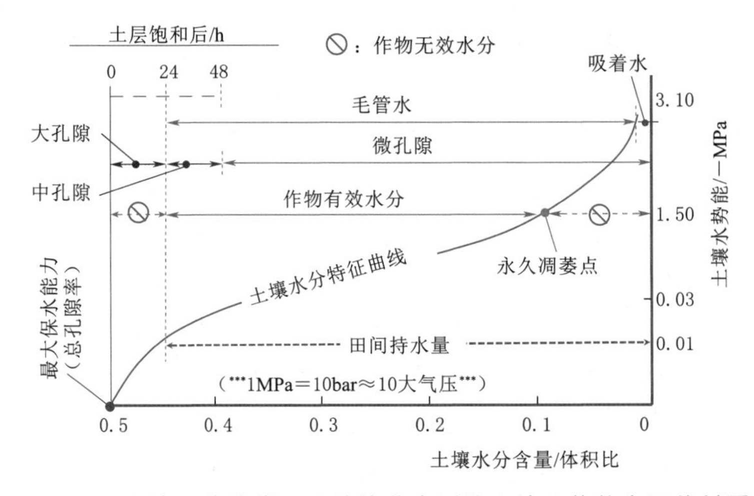

图 3.31　土壤水的分类、孔隙的分布以及土壤水势能之间的关系

率（即最大保水能力）定为饱和点。从土壤饱和到24h排水，土中被空气所占据的孔隙可定为大孔隙（Macro-Pore），排水从24h到48h被空气所占据的孔隙则为中孔隙（Meso-Pore），排水48h之后被水所占据的孔隙称之为微孔隙（Micro-Pore）。比较有争议的部分是田间持水量和作物有效水分含量是从排水24h后开始算起的。当然重力水和低于永久凋萎系数的水分是无法被作物利用的，均属无效水分。土壤水的分类和相对应的水势能均已清晰地标示在图中。

3.7.4 田间实例

为了更好地了解图 3.31 中土壤水的分类与土壤水势能以及土壤孔隙间的关系，通过下列的田间数据，希望从演算的过程中能更加了解图中的含义。

假设有一块大豆田，其根系层深为 45cm，根系层经灌溉饱和后进行排水，在排水 24h 后利用土环（700cm^3）在根系层中采土样测定土壤水分含量。同样的，在 48h 后再采一次土样。经称重后，将这两个土样置于 105℃烤箱中，烘烤 48h 使其成为烘干土，再分别称出干土重。其结果如下：

（1）排水 24h 后的湿土重量：1180g。

（2）排水 48h 后的湿土重量：1120g。

（3）由于本大豆田的根系层相当均匀，两个土样的干土重均为 875g。

假设本大豆田土壤的比重为 2.65g/cm^3。根据以上述提供的数据，分别求算：

1. 土样在排水 24h 及 48h 后土中水的体积分别为________及________ cm^3。（305cm^3；245cm^3）

2. 土样中的空隙体积在排水 24h 后为________ cm^3；48h 为________ cm^3。（369.8cm^3；369.8cm^3）

3. 土样中的固体体积在排水 24h 后为________ cm^3；48h 为________ cm^3。（330.2cm^3；330.2cm^3）

4. 土样的容重为________ g/cm^3。（1.25g/cm^3）

5. 土壤在排水 24h 及 48h 后水分含量（体积比，θ_v）分别为________及________%。（43.6%；35.0%）

6. 土壤在排水 24h 及 48h 后水分含量（重量比，θ_w）分别为________及________%。（34.8 %；28.0 %）

7. 土壤在排水 24h 及 48h 后根系层中水的含量分别为________ cm 及________ cm。（19.6cm，15.75cm）

8. 土壤的总孔隙率________%。（52.8 %）

9. 土壤的大孔隙率________%。（9.2 %）

10. 土壤的中孔隙率________%。（8.6 %）

11. 土壤的微孔隙率________%。（35 %）

12. 土壤的毛细管孔隙率________%。(43.6 %)

13. 如果土壤的吸着水量太少而不计，土壤在排水 48h 后，被毛细管水占据的孔隙率应为________%。(43.6 %)

14. 在上题中属于重力水的孔隙率应为________%。(9.3 %)

15. 根系层中的田间容水量应为________ cm。(19.6cm)

16. 利用第 1 章中 Briggs 和 McLance (1907) 的土壤转换函数 (Pedotranfer Function)，发现此大豆田的永久凋萎系数为 16.25% (重量比 θ_w)。经 48h 排水后根层中的有效水分应为________ cm。(13.8cm)

17. 如果根系层土壤水分必须保持在 12.5cm，土壤经饱和后要排________ cm 的水才能达到要求。(11.3cm)

18. 假设此田现有水分为 0.25cm^3/cm^3，为了要让此田根系层达到饱和，需要灌________ cm 的水。(12.5cm)

19. 上题中，如果根系层均匀施灌 10cm 的水，水分将增加到________% (重量比，θ_w) 或________% (体积比，θ_v)。(37.7%；47.2%)

20. 在 18 题中，若要根系层能达到饱和需灌________ cm 的水。(12.5cm)

21. 此根系层最大的保水能力是________ cm 或________% (体积比 θ_v)。(23.8cm；52.8 %)

22. 在第 20 题中，因此田属轮灌区，每公顷农地必须在 3.5h 完成灌溉，其灌溉供水量不能低于________ m^3/h。(357 m^3/h)

23. 假如永久凋萎系数是 5.85%，土壤经饱和后排水 24h 及 48h，作物有效水分分别应为________ cm 及________ cm。(13.8cm；9.9cm)

24. 在上题中，无法被作物利用水分 (无效) 分别为________ cm 及________ cm。(10cm；13.9cm)

25. 在土壤饱和情况下，土壤孔隙率为________%。(52.8 %)

参　考　文　献

郭素珍，1998. 土壤物理学 [M]. 呼伦贝尔：内蒙古文化出版社.

BEESE F，VAN Der Ploeg R R，1976. Influence of hysteresis on moisture flow in an undisturbed soil monolith [J]. Soil Science Society of America Journal，40：480－484.

BONIAK R, CHONG S K, INDORANTE S J, et al., 2008. An application of ground-penetrating radar in golf course management [M]. Handbook of agricultural geophysics. Boca Raton: CRC Press.

BRADY N C, WEIL R R, 2008. Elements of the nature and properties of soils [M]. New Jersey: Pearson Prentice Hall.

BREWER R, 1964. Fabric and mineral analysis of soils [M]. New York: John Wiley.

BROOKS R J, COREY A T, 1964. Hydraulic properties of porous media, Hydrology Papers, No. 3 [R]. Fort Collins: Colorado State University.

CAMPBELL G S, 1974. A simple method for determining unsaturated conductivity from moisture retention data [J]. Soil Science, 117: 311 - 314.

CHARLESWORTH P, 2000. Soil water monitoring [M]. Melbourne: CSIRO Publishing.

CHONG S K, DOODLITTLE J, RENFRO K, et al., 2000. Investigating without excavating [J]. Golf Course Magazine, 68: 56 - 59.

CHONG S K, KLUBEK B P, VARSA E, 1991. Teaching the concepts of soil physics and static water properties in introductory soil science [J]. J. Agron. Education, 20: 153 - 156.

CHONG S K, OK C H, BONIAK R, et al., 2001. Rootzone mixes amended with crumb rubber --- Laboratory study [J] . International Turfgrass Society J. 9: 493 - 497.

CHONG S K, BONIAK R, DIESBURG K L, et al., 2002. Air-filled porosity of golf green sand mixes [J]. Communications in Soil Science and Plant Analysis, 33: 2895 - 2903.

CHONG S K, ZHANG A Q, HUANG Y H, et al., 2004. Physical properties of green sand mixes amended with various organic compost [M]. Athens: Proceedings of 1st International Conference on Turfgrass Management & Science for Sport Fields.

CHONG S K, ZHANG A Q, BONIAK R, et al., 2006. Saturated hydraulic conductivity of coarse-textured rootzone mixes [J]. USGA Turfgrass and Environmental Research Online, 5: 1 - 10.

HILLEL D, 1980. Fundamentals of Soil Physics [M]. New York: Academic Press.

IWATA S, TABUCHI T, WARKENTIN B P, 1955. Soil-Water interactions: Mechanisms applications [M]. 2nd ed. New York: Marcel Dekker Inc.

KOOREVAAR P, MENELIK G Menelik, DIRKSEN C, 1985. Elements of soil physics [M]. New York: Elsevier Science Publishers.

LAL R, 1974. The effect of soil texture and density on the neutron and density probe calibration for some tropical soils [J]. Soil Science, 117: 183 - 190.

LUXMOORE R J, 1981. Micro-, Meso-, and Macro-porosity of soil [J]. Soil Science Society of America Journal, 45: 671 - 672.

Soil Science Society of America, 2008. Glossary of soil science terms [M]. United States: Soil Science Society of America Inc.

STENITZER E, 1993. Monitoring soil moisture regimes of field crops with gypsum blocks [J]. Theoretical and Applied Climatology, 48: 159 - 165

TOPP G C, DAVIS J L, 1985. Measurement of soil water content using time-domain reflectometry (TDR): A field evaluation [J]. Soil Science Society of America Journal, 49: 19 - 24.

VAN Genuchten M T, 1980. Closed-form equation for predicting the hydraulic conductivity of unsaturated soils [J]. Soil Science Society of America Journal，44：892－898.

VAN Genuchten M T，Nielsen D R，1985. On describing and predicting the hydraulic properties of unsaturated soils [J]. Ann. Geophysics，3：615－628.

WHALLEY W R，OBER E S，Jenkins M，2013. Measurement of the matric potential of soil water in the rhizosphere [J]. Journal of，Experimental Botany，64：3951－3963.

第 4 章 土壤的水分移动

4.1 概述

在旱地里，水在土壤中的移动分为气态移动和液态流动两种。气态水在土壤中移动主要是因为土层气压和温度不平衡所致。当根圈（Rhizosphere）和底层的土壤温差大，或者土层内空气湿度比大气中的空气湿度高时［图 4.1（a）］，因湿空气比干空气轻，形成了地表蒸发（Soil Evaporation）［图 4.1（b）］。促使气态水在土壤中移动的另一原因是土壤中的空气受到液态水移动的挤压。譬如在降雨或灌溉时，入渗到土壤中的水会占据部分的孔隙，迫使空气排出根系层。反之，土壤在排水时，当液态水离开了土层，则形成空气的入渗现象（Air Infiltration）。在农业土壤中，除了地表水分蒸发（E-vaporation）和作物蒸散（Transpiration）之外，其他关于气态水在土层内移动的研究并不多。

液态水在土壤中的移动可以分为饱和（Saturated Flow）和非饱和状态（Unsaturated Flow）两种。饱和是指土壤中的孔隙被水充满（如地下储水层或水稻田中的泥土）。非饱和是指土壤中只有一部分孔隙被水占据，即孔隙中除了液态水之外还含空气（如旱作田）。必须说明的是，一般所谓的饱和土壤并非完全饱和，原因是在饱和的过程中，多少总会有一部分的空气无法排出而存留在土层中形成了禁闭空气（Entrapped Air）。

在自然情况下，饱和土壤中所含的禁闭空气约占总孔隙率的 15%（Jackson，1963；Chong，1979）。即便如此，许多关于饱和土壤水或溶质移动的研究文献都未把禁闭空气加以考虑。

水的移动往往会随着土壤水分含量的变化而改变。当表土比较干燥时，水势能比较低，而底层土壤的水分含量高，水势能会比较高，因此水就会经

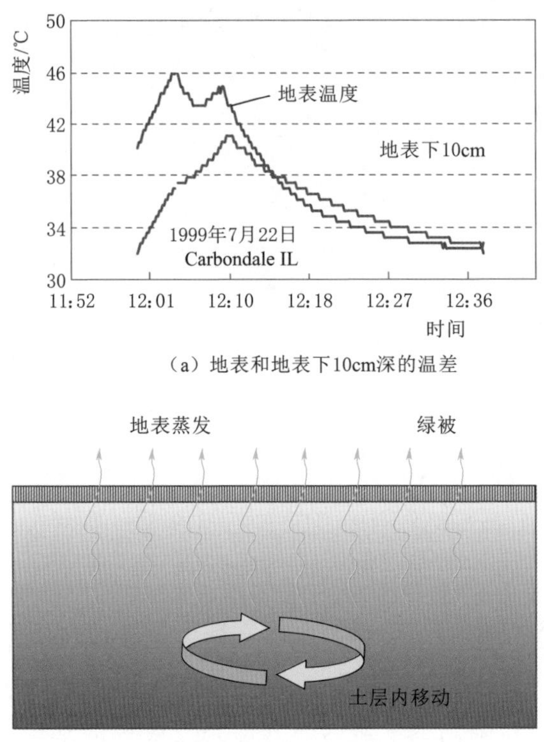

（a）地表和地表下10cm深的温差

（b）气态水在土中移动

图 4.1　土层中气态水移动变化影响因素

毛细管作用缓缓地把水从水势能较高的湿土往水势能较低的干土方向输送。土壤非饱和水分的移动受制于土壤的导水能力，这问题非常复杂，本章节先介绍土壤饱和水移动后，再讨论土壤非饱和水的移动。

4.2　达西法则

水在土壤中是如何移动的？可以通过土壤饱和导水试验来简单说明。如图 4.2 所示，假设土柱的横断面面积为 A_s，长度为 L，土柱两端（图中的 A 和 B）分别与定位水槽相连接，如果把基准线（Datum）定在土柱的下方，在土柱进水口处（图中的 A）所承受的水势能为 H_i，在出水口处（图中的 B）所承受的水势能为 H_o，因为 H_i 比 H_o 高，所以水的移动方向应该是从左向右流动。

假如右边的水头固定不变，把左边的水头慢慢地提高，此时水流出的量

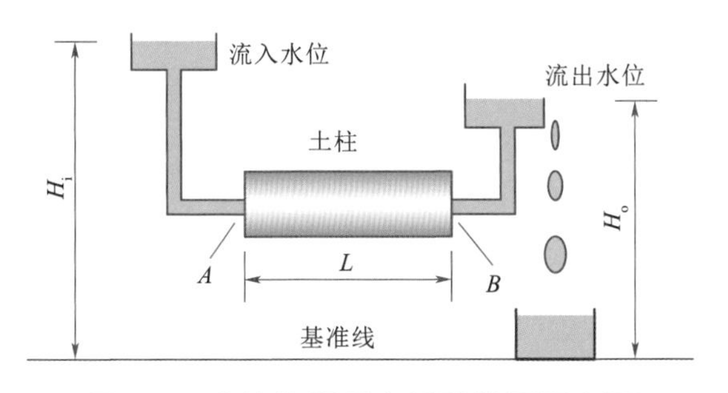

图 4.2 土壤饱和导水试验装置示意图

就会逐渐增加。相反地，如果把左边的水头降低，那么水流出的量就会变小。当两边水头的高度相等时（即 $H_i = H_o$），水就会停止流动。此时如果把左边的水头继续降低，当左边的水头比右边的水头低时，水就会从左边流出来。从这个简单的试验，可以观察到水从土柱中流出的量 Q 和水头差（$H_i - H_o$）成正比，水头差越大，水的流量就越大，反之越小。此外，水的流量也会受到土柱长度的影响。当土柱的长度越长，水流通过土柱所受的阻力就越大，那么流出的量就会越小，相反地，当土柱的长度越短，水流通过土柱所受的阻力就越小，那么水流出的量就越大。很明显，水流和土柱长度 L 恰好成反比。若把水流量和水势能以及土柱长三者的关系用数学方程来表示，即

$$Q \propto \frac{H_i - H_o}{L} \tag{4.1}$$

式中：Q 为水的总流量。

在比较土壤导水的速度时，通常不用水的总流量做比较，因为各土柱的横断面面积（A_s）和测定时间 t 长短不一，因此水的流量需要换算成单位面积和单位时间流量来比较，即

$$q = \frac{Q}{A_s t} \tag{4.2}$$

式中：q 为水的单位面积和单位时间流量（也称为流率），cm/s；Q 为总流量，cm^3/min；A_s 为土柱的横断面面积，cm^2；t 为测定时间，s。

为了使式（4.1）的左右两边都相等，可以在式（4.1）的右边加上一个常数 K，即达西定律（Darcy's Law）。

$$q = \frac{Q}{A_s t} = K\,\frac{H_i - H_o}{L} \tag{4.3}$$

式中：K 为导水系数（Hydraulic Conductivity），此值若是在土壤饱和状态下测得的，则称之为饱和导水系数 K_{sat}，这也是该土壤导水系数的最大值。

在式（4.3）中，$\frac{H_i - H_o}{L}$ 一般称为水力梯度，它实际上是土壤水移动的驱动力（Driving Force）。当 $\frac{H_i - H_o}{L} = 1$ 时（即在单位水力梯度条件下），土壤的饱和导水系数和水的流率相等，即 $q = K_{sat}$。也由此说明了土壤的导水系数和水的流率两者的单位是相同的。

在式（4.3）中，q 和 $\frac{H_i - H_o}{L}$ 两者呈直线关系，也就是说在同一土柱中，用不同的水力梯度所测出的水的流率 q，其结果如图 4.3 所示，而直线的斜率为该土壤的饱和导水系数（Hillel，1980）。

不同质地的土壤所测出的土壤饱和导水系数应该也是不同的，其大小顺序应如图 4.4 所示，即 $K_{sat(砂土)} > K_{sat(壤土)} > K_{sat(黏土)}$。

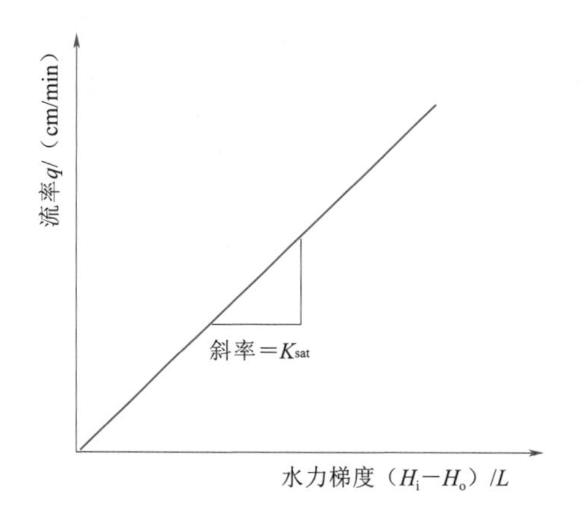

图 4.3　达西定律下水的流率与土壤的水力梯度的关系

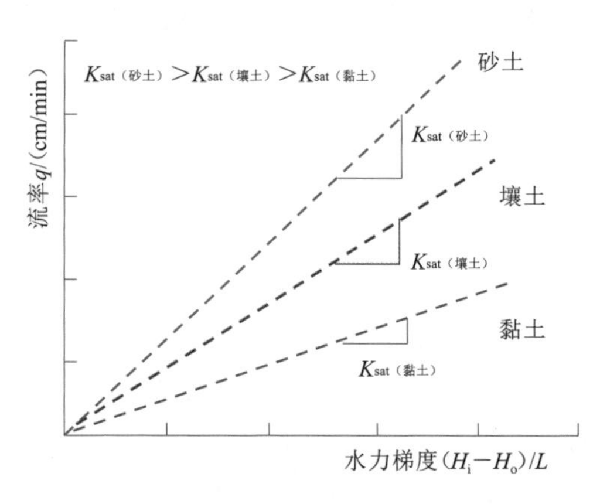

图 4.4　不同质地土壤的饱和导水系数

4.3　影响土壤导水系数的因素

影响土壤导水系数的因素很多（Hillel，1980；Ghildyal 和 Tripathi，1987），主要分为土壤基质和流体本身两部分。土壤基质主要是孔隙的大小和分布，流体部分则是流体的密度 ρ_w 和黏性 μ。

在通常情况下，土壤导水系数与孔隙面积（直径）以及水的密度 ρ_w 成正比，但与水的黏性 μ 则成反比，即

$$K \propto d^2 \frac{\rho_w}{\mu} \text{ 或 } K = cd^2 \frac{\rho_w}{\mu} \tag{4.4}$$

式中：c 为常数（Constant）。

因为 cd^2 只与土壤基质有关，通常被认为是基质内固有的导水性，故称为固有导水系数（Intrinsic Hydraulic Conductivity），而$\frac{\rho_w}{\mu}$只与液体有关，故称为液体的流动系数（Fluidity）。

水分子在土壤中是顺着土壤孔隙所形成的孔道移动的，如图 4.5 所示。由于土壤孔隙所形成的毛细管通道是弯弯曲曲的，所以水分子在土壤中的移动很少可以沿着一条直线进行，也就是说水分子在土壤中实际移动的距离 s，应该比土柱的长度 L 长。因此，水分子实际的移动速度应该比式（4.3）中所测得的流速快。在土壤物理学中，L/s 称为弯曲系数（Tortuosity）（Hillel，1980），其值应该小于 1。

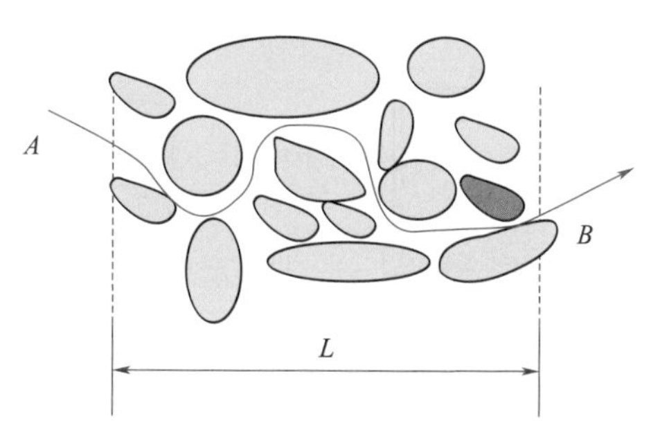

图 4.5　土壤孔隙中水分子移动示意图

4.4　土壤饱和导水系数的测定

测定土壤饱和导水系数的方法很多（Hillel，1980；Ghildyal 和 Tripathi，1987；Taylor 和 Ashcroft，1972；郭素珍，1998；万鑫森，2005），该选用何种方法去测量，应根据由土壤质地或结构来确定，因为水流量的大小往往会对测量方法的设计和测定装置产生影响。因此，在测量土壤饱和导水系数之前最好能了解一下土壤的性质。当然，土壤饱和导水系数若能在田间直接测定，那是最为理想的。但在现实中，大部分的 K_{sat} 值是在实验室利用未扰动土柱或填装土柱通过定水头或降水头装置来测定的。在讨论如何测定土壤导水系数之前，必须先了解一下测量所需具备的条件，如渗流单元、如何饱和土柱的方法等。

4.4.1 渗流单元

如前所述，不管是利用未扰动或填装土柱，土样必须安装在一个渗流单元（Flow Cell）中测定，其目的是防止土样在测定过程中遭到破坏，同时要确保所有水的流量都是从土柱中流出来的。图 4.6 为一般的渗流单元，其实它就是一个密封的装土容器，水从渗流单元的入口导入，经过土柱后从渗流单元的出口流出，渗流单元和土环的大小可随水流测定系统和试验的需要而更改设计。

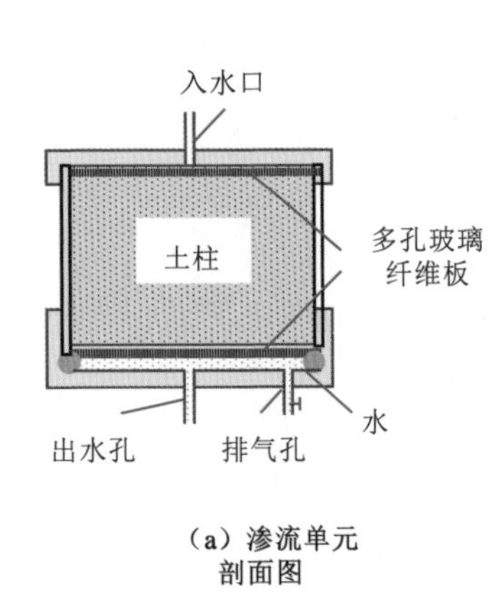

（a）渗流单元剖面图

（b）最常见的渗流单元装置

（c）可调节渗流单元装置

图 4.6　渗流单元示意图

4.4.2 饱和土柱的方法

在把土柱安装到渗流单元之前，土柱必须是饱和的。如果把土柱安装到渗流单元之后再饱和，土柱中的空气就不容易排出，很难达到饱和的要求。

图 4.7　经毛细管作用形成饱和土柱

比较通常的饱和方法是先将土柱置于水槽中（图 4.7），水从槽底慢慢地加到与土柱底部接触后，再利用毛细管作用促使水从土柱底部往上润湿，在这个过程中最好每隔 2h 在槽中加水一次，每次加水 1～2cm，直到槽中的水位距土柱表面约 0.5cm 时就停止。放置 24h 后，土柱表面若呈润湿泛光，就表示土

柱已达至饱和，然后将它安装到渗流单元（图 4.6）中。在安装土柱到渗流单元时，最理想的做法是在水中安装，因为在水中安装可以避免空气进入土柱，否则土柱又回到非饱和状态。但这种做法在实际操作上非常困难，特别是对粗质地或结构良好的土壤而言。

4.4.3 定水头测定

利用定水头测定土壤饱和导水系数的方法很多，图 4.8 为最简单和普遍的定水头装置。定水头装置是指：进水口水位 H_i 和出水口水位 H_o 是保持固定不变的。进水口的水位通常用马里奥特供水管（Mariotte Tube）来控制，而且进水水头必须在土柱之上。定水头装置的优点除了水头不变之外，在试验进行时若发现水的流量太大或太小，可随时调整水头差，以增加或减少水的流量，测定时只需让水的流量达到稳定之后记录下水的流量和时间，再利用式（4.5）来计算 K_{sat} 值，即

$$K_{sat}=\frac{Q}{A_s t}\frac{L}{H_i-H_o} \tag{4.5}$$

式中：K_{sat} 为土壤饱和导水系数，cm/s；Q 为水的总流量，cm^3；A_s 为土柱的横断面面积，cm^2；t 为测定时间，s；L 为土柱长度，cm；H_i、H_o 分别为进水口水位高度及出水口水位高度，cm。

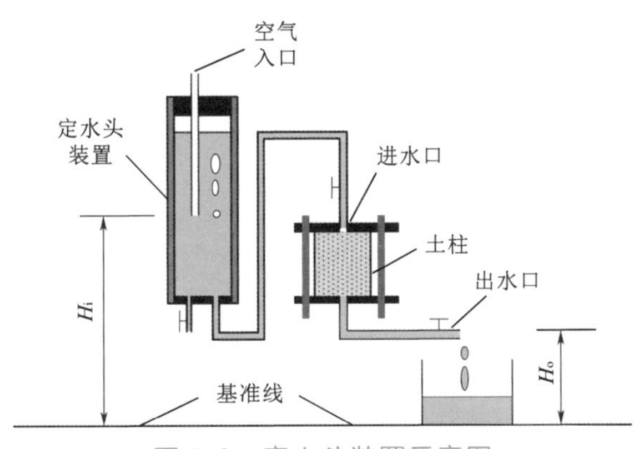

图 4.8　定水头装置示意图

4.4.4 降水头测定

图 4.9 为常见的降水头装置示意图。在降水头装置中，进水口的水位高度是随着水经土柱流出而下降的（水位不固定）。在一般的试验中，降水头

装置并非是首选。由于供水管的大小是固定的，其供水量需要满足水流量的需求，所以降水头装置比较不容易控制。

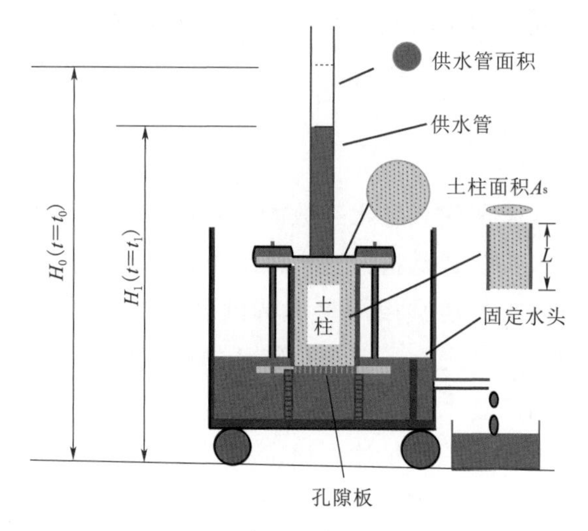

图 4.9　降水头装置示意图

由于供水管的水位随水的流出而改变，因此不能用式（4.5）来计算 K_{sat} 值。如图 4.9 所示，假设供水管中的水位是 h，水经土柱瞬时流出量 dQ 应为

$$dQ = a\,dh \tag{4.6}$$

式中：a 为供水管面积；dh 为管中水位的瞬时变化。

若用达西定律（Darcy's Law）来计算流量时，式（4.3）可写成

$$dQ = K\,\frac{h}{L}A\,dt \tag{4.7}$$

式中：$\frac{h}{L}$ 为瞬时 dt 的水力波度（h 随时间改变）。

假若把式（4.6）和式（4.7）相结合，即

$$a\,dh = K\,\frac{h}{L}A\,dt \tag{4.8}$$

重组上式后可得

$$\frac{a}{h}dh = K\,\frac{A}{L}dt \tag{4.9}$$

因为试验时间是从 t_0 到 t_1，而相对供水管的水位是从 H_0 到 H_1，若式（4.9）左右两边分别对水位和时间积分可得

$$\int_{H_0}^{H_1} \frac{a}{h} \mathrm{d}h = \int_{t_0}^{t_1} K \frac{A}{L} \mathrm{d}t \tag{4.10}$$

$$K_{\mathrm{sat}} = \frac{2.3aL}{A_s(t_1 - t_0)} \lg \frac{H_1}{H_0} \tag{4.11}$$

式中：K_{sat} 为土壤的饱和导水系数，cm/s；a 为供水管面积，cm^2；L 为土柱长度，cm；A_s 为土柱的横断面面积，cm^2；t_0 和 t_1 分别为水开始和停止流出的时间，s；H_0、H_1 分别为供水管在 t_0 和 t_1 时的水位高度，cm。

从式（4.11）中可以看出，降水头装置的 K_{sat} 值是利用试验开始和结束时的水位（水势能）来计算的，而不是用水的流量来计算的。如果供水管的管径很大，而流量很小（特别是黏土），此时就很难从供水管上读得准确的水位高度。相反地，如果供水管很小，而流量很大（砂土），此时可能还没有来得及读取供水管上的水位高度，供水管中的水就已经全部流出去了。

4.5 防止空气进入粗质地土柱的饱和导水系数测定装置

如前所述，安装土柱到渗流单元时，最好在水中安装，这样才可避免在安装过程中让空气进入土中。但是在水中安装土柱会遭遇到很多的困难，例如砂土容易松散，所以在水中安装几乎是不可能的。如果在水面上安装，水排得很快，空气很容易就进入土柱中，使原本已经饱和土柱又回归到了非饱和状态。为了避免安装时出现这些困扰，砂土的饱和导水系数测定装置就必须另行设计（Chong 等，2006）。

根据 Chong 等（2006）的设计（图 4.10），可以利用定水头装置来解决空气进入土柱的问题。其设计的特点主要是把渗流单元和供水测筒连在一起，渗流单元则放在饱和水槽中，在水槽的底部安装排水口，作为控制出水口的水头，而出水口的水头必须高于土柱的底部，以免在排水过程中土柱底部露出水面，让空气进入。若利用此测定装置，其渗流单元必须重新设计。

4.5.1 渗流单元的设计

由于导水系统的改变，新的渗流单元可改成如图 4.11 所示。土柱夹在两片多孔隙玻璃纤维板（Plexiglass）中间，而多孔隙玻璃纤维板镶嵌在上下两

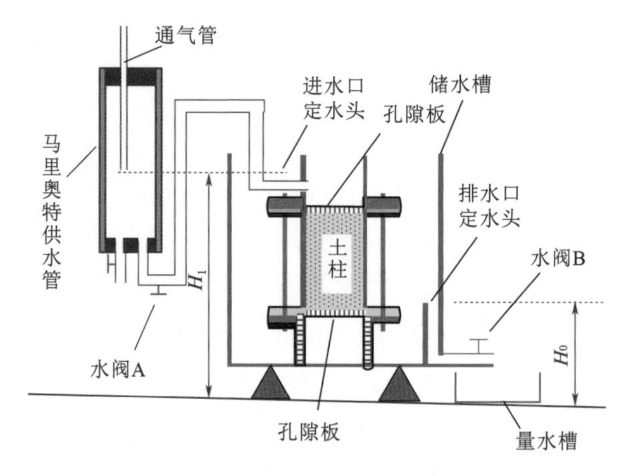

图 4.10　对流速快、容易松散的土柱进行导水系数测定装置示意图

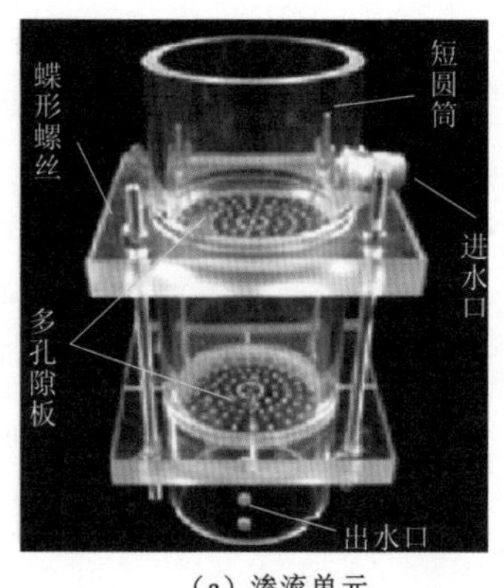

（a）渗流单元

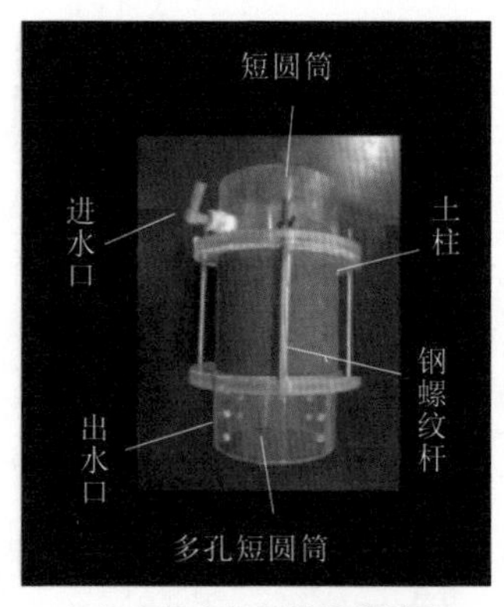

（b）安装土柱后的渗流单元

图 4.11　对流速快、容易松散的土柱进行渗流单元设计

个盖子的中间，两个盖子都分别与圆筒连接，如图 4.11（a）所示。上面的盖子还与接头连接把水从马里奥特供水管引入土柱。下面的盖子旁边钻了些小洞［图 4.11（b）］以供水流经土柱后排入水槽。土环和盖子中间镶嵌橡皮垫圈（O-ring），通过蝶形螺丝在钢螺纹杆上锁紧以防渗流单元中的水未经土柱而外流。

4.5.2　测定操作过程

在对土壤饱和导水系数进行测定时，先将安装好的渗流单元［图

4.12 (a)］置于可控制出水口水位的水槽中［图 4.12 (b)］，再通过毛细管作用把土柱在水槽中饱和［图 4.12 (c)］，当水槽中的水淹没整个土柱时，把渗流单元与马里奥特供水管相连接，连接时注意供水口的水位必须高于土柱的进水口（图 4.13），使得整个系统充满水且不能有气泡出现。

(a) 渗流单元

(b) 饱和水槽

(c) 饱和进行中的渗流单元

图 4.12　测定土壤饱和导水系数所需要的装置

(a) 实际测定装置

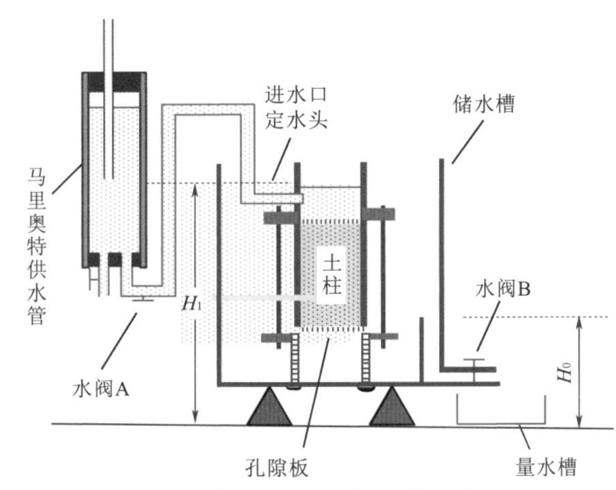

(b) 系统饱和后与供水系统连接剖面图

图 4.13　测定装置

在测定时，只需将排水水阀 B 打开（图 4.14），让水从槽中流出，等到出水口的水位达到固定水头的位置时，流量稳定之后，就可以开始读取水的流出量、时间和势能差，再按式（4.5）便可以算出 K_{sat}值。

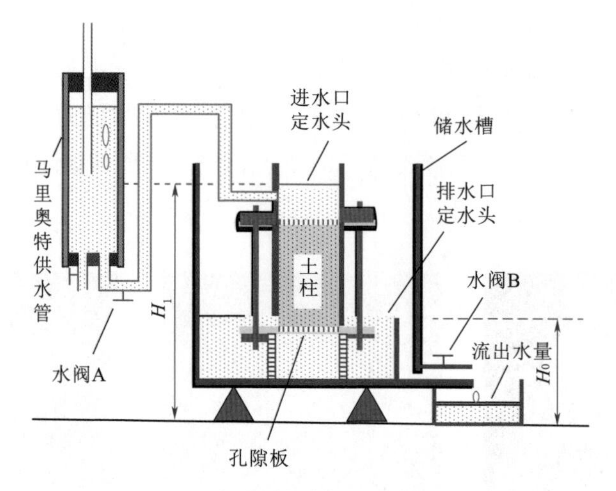

图 4.14　装置系统在水流稳定后的剖面示意图

4.6　土壤的均质和等向性

在探讨土壤水分移动时，为易于了解，常常把土壤假设成均匀的多孔隙介质（Uniform Porous Media）。但事实上，在自然情况下，即使在同一块田区里，也很难找到两个土壤完全相同的点。并且，同一个点不同方向的土壤性质也可能完全不同。可以通过土壤的导水系数来简单说明一下（Hillel，1980；Ghildyal 和 Tripathi，1987）。

（1）均质（Homogenous）和等向性（Isotropic）土壤（图 4.15）。均质和等向性土壤是指两个点的土壤导水系数 K 完全相同，并且两个点相对应的 x、y、z 方向上的 K 值也完全一样。所以，这是理想土壤，只有一个 K 值。

均质（Homogeneous）：$K_x = K_x^*$；$K_y = K_y^*$；$K_z = K_z^*$

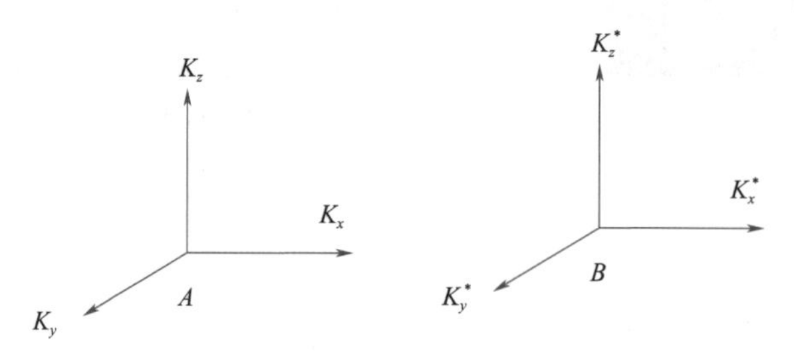

图 4.15　均质和等向性土壤

等向性（Isotropic）：$K_x = K_y = K_z$； $K_x^* = K_y^* = K_z^*$

饱和导水系数 K_{sat}：只有单一数值。

(2) 均质（Homogenous）和不等向性（Anisotropic）土壤（图 4.16）。均质是指两个不同点的 K 值大小一样，两个点相对应的 x、y、z 方向的 K 值也相同，但同一点的 x、y、z 方向上的 K 值不相同。

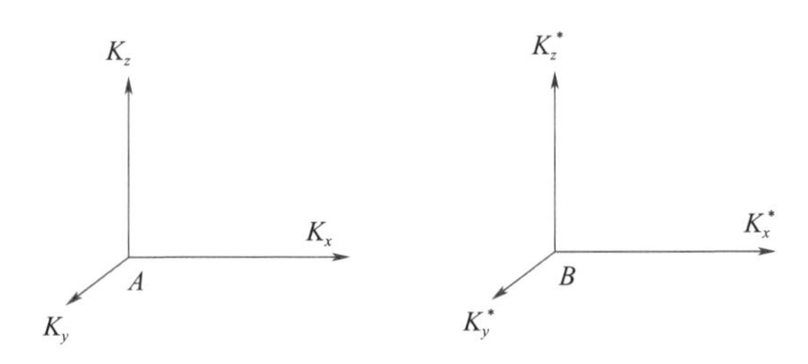

图 4.16 均质和不等向性土壤

均质（Homogeneous）：$K_x = K_x^*$， $K_y = K_y^*$， $K_z = K_z^*$

不等向性（Anisotropic）：$K_x \neq K_y \neq K_z$； $K_x^* \neq K_y^* \neq K_z^*$

饱和导水系数 K_{sat}：有 3 个数值，是因为 x、y 和 z 三个方向上的 K 值都不相同。

(3) 不均质（Imhomogenous）和等向性（Isotropic）土壤（图 4.17）。此土壤在同一点 x、y、z 方向上的 K 值相同，但点与点间的 K 值却完全不同。

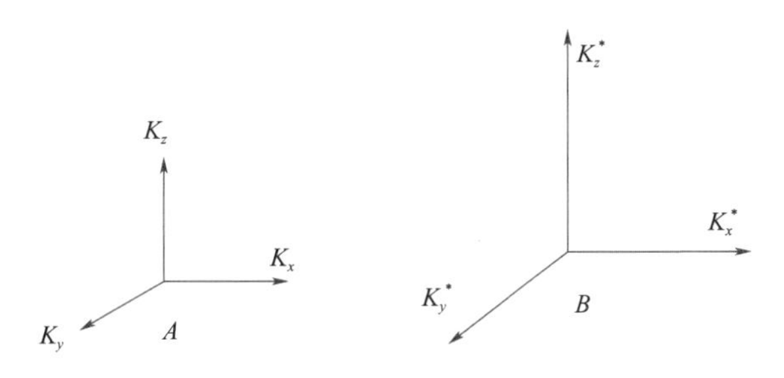

图 4.17 不均质和等向性土壤

不均质（Imhomogenous）：$K_x \neq K_x^*$；$K_y \neq K_y^*$；$K_z \neq K_z^*$

等向性（Isotropic）：$K_x = K_y = K_z$； $K_x^* = K_y^* = K_z^*$

饱和导水系数 K_{sat}：有 2 个数值，因为此土壤的 K 值在两点之间不同，但同一点的 x、y 和 z 三个方向上都相同。

(4) 不均质（Imhomogenous）和不等向性（Anisotropic）土壤（图

4.18）。这是田间最常见的情况。土壤的 K 值不仅点与点之间不同，就是同一点各方向上的 K 值也不一样。

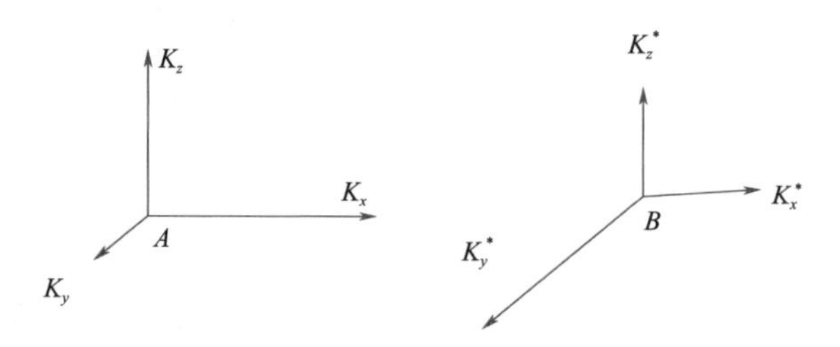

图 4.18　不均质和不等向性土壤

不均质（Imhomogeneous）：$K_x \neq K_x^*$；$K_y \neq K_y^*$；$K_z \neq K_z^*$

不等向性（Anisotropic）：$K_x \neq K_y \neq K_z$；$K_x^* \neq K_y^* \neq K_z^*$

饱和导水系数 K_{sat}：有6个数值，因为此土壤的 K 值在两点之间不同，并且同一点的 x、y 和 z 三个方向也不相同，这也是最常见的土壤饱和导水系数。

4.7　非饱和土壤的水分移动

前面章节讨论的是饱和土壤的水分移动，如果把图4.2中左右两边的水头降到土柱之下（图4.19），此时土柱内并未承受任何因水所产生的正压力，也就是说并非所有孔隙都充满着水，即部分孔隙被空气所占据，此时土壤并未饱和，图中左边的水头比右边水头高，由于毛细管作用，水仍会从左边向右边移动。

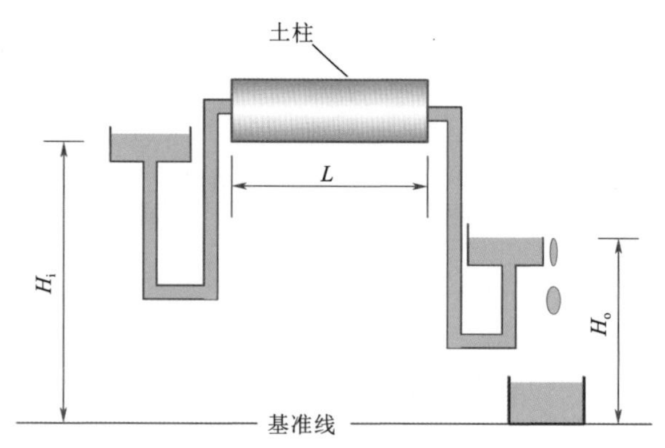

图 4.19　非饱和土壤导水试验装置示意图

虽然土壤是在非饱和状态下，但达西法则仍然适用，只是此时的导水系数并不是个常数，它的值应该比饱和导水系数 K_{sat} 小，且随着土壤中水分含量的变化而变化。即 $K=K(\theta)$，成为土壤水分含量的一个函数。因此式（4.3）则成为

$$q=K(\theta)\frac{H_i-H_o}{L} \tag{4.12}$$

土壤非饱和导水系数不仅随着土壤水分含量的变化而变化，它也随着土壤的质地和结构的不同而不同（图 4.20）。在土壤物理学，特别是在旱地水和溶质的移动研究中，土壤非饱和导水系数是一个必要的参数。测定土壤非饱和导水系数无论在实验室或田间均具有相当的挑战性，本章 4.11 节中介绍一个简易测定非饱和导水系数的田间方法。

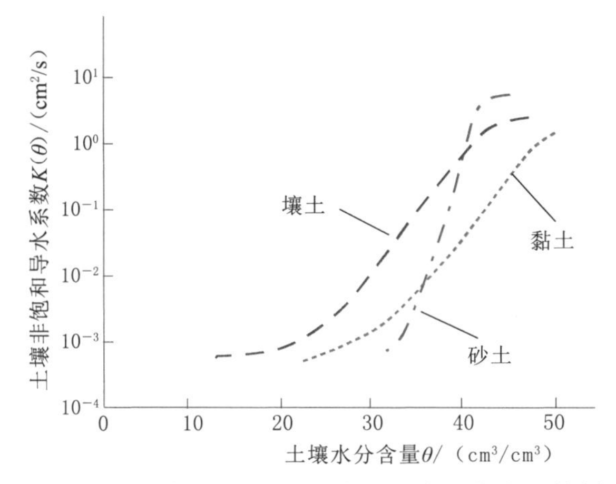

图 4.20　土壤非饱和导水系数和土壤水分含量的关系

4.8　土壤水分移动的基本方程

本节的目的是利用物理的基本概念，导出一个通用方程用来模拟水或其他物质在土壤中的移动。

假设有一长方体土柱，其长、宽、高各为 ΔX、ΔY、ΔZ，其体积应为 $\Delta X\Delta Y\Delta Z$，此六面体的表面积如图 4.21 所示。

根据质量守恒定律，水在土柱中的流入量与流出量之差，应该等于水在土柱中随时间改变的储存量，即

$$\text{总流入量(Input)}-\text{总流出量(Output)}=\text{储存量(Storage)} \tag{4.13}$$

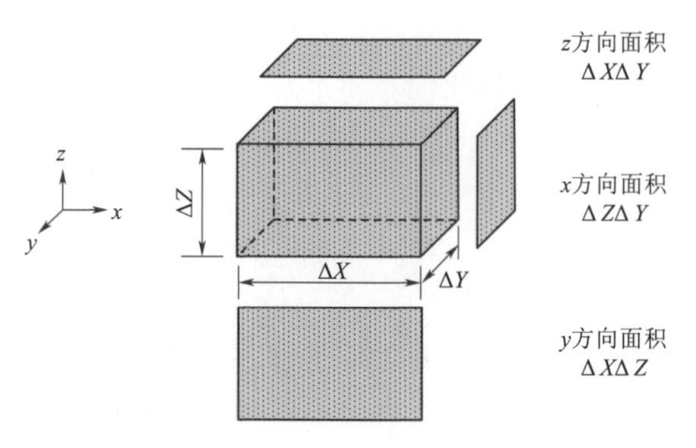

图 4.21　长方形土柱

如图 4.22 所示，以 x 方向的流量为例进行说明。水在土柱 x 方向的总流入量 Q_{ix}（i 代表流入，Inflow）可以用以下的数学方程式来表达

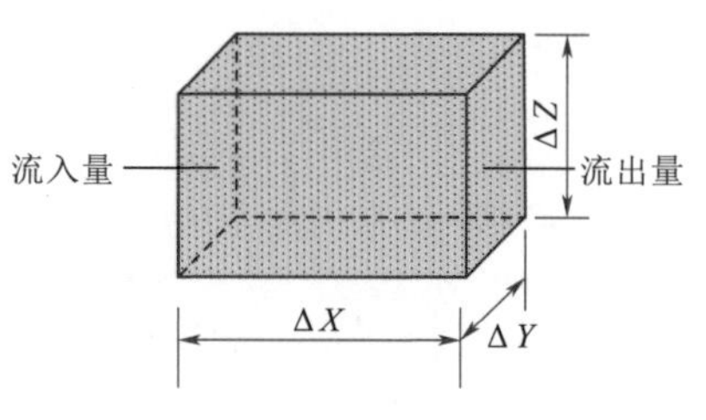

图 4.22　水在长方形土柱 x 方向上的流量

$$Q_{ix}=A_x q_x \tag{4.14}$$

式中：A_x 为水流入的垂直面积，即 $A_x=\Delta Y\Delta Z$；q_x 为单位面积的流入量。

所以在 x 方向的总流入量 Q_{ix} 应为

$$Q_{ix}=q_x\Delta Y\Delta Z \tag{4.15}$$

水在土柱中流动受到阻力或外力的影响，因此 x 方向每一点的 q_x 都可能发生改变，其改变量为$\frac{\mathrm{d}q_x}{\mathrm{d}x}$，而它在整个 ΔX 距离中的总改变量为$\frac{\mathrm{d}q_x}{\mathrm{d}x}\Delta X$。因此，当水达到 ΔX 的终点时的流出量应为单位面积流入量和其改变量的代数和，即 $q_x+\frac{\mathrm{d}q_x}{\mathrm{d}x}\Delta X$，所以其总流出量应为

$$Q_{ox}=\left(q_x+\frac{\mathrm{d}q_x}{\mathrm{d}x}\Delta X\right)\Delta Y\Delta Z \tag{4.16}$$

另外，土柱中每一点的瞬时含水量 θ 的改变量应为$\frac{\mathrm{d}\theta}{\mathrm{d}t}$，所以其总含水量的改变量则应为

$$\text{总储存变化量}=\frac{\mathrm{d}\theta}{\mathrm{d}t}\Delta X\Delta Y\Delta Z \tag{4.17}$$

式中：$\frac{\mathrm{d}}{\mathrm{d}t}$为对时间的（改变）微分号。

因此，把式（4.15）～式（4.17）代入式（4.13），则水在 x 方向的流量可用下列式表示，并可简化为

$$\frac{\mathrm{d}\theta}{\mathrm{d}t}\Delta X\Delta Y\Delta Z=q_x\Delta Y\Delta Z-\left(q_x+\frac{\mathrm{d}q_x}{\mathrm{d}x}\Delta X\right)\Delta Y\Delta Z$$

$$=q_x\Delta Y\Delta Z-q_x\Delta Y\Delta Z-\frac{\mathrm{d}q_x}{\mathrm{d}x}\Delta X\Delta Y\Delta Z$$

$$\frac{\mathrm{d}\theta}{\mathrm{d}t}\Delta X\Delta Y\Delta Z=-\frac{\mathrm{d}q_x}{\mathrm{d}x}\Delta X\Delta Y\Delta Z$$

$$\frac{\mathrm{d}\theta}{\mathrm{d}t}=-\frac{\mathrm{d}q_x}{\mathrm{d}x} \tag{4.18}$$

式（4.18）为连续方程式，其说明了水在土壤中的含量随时间的变化而改变，以及水在土壤中的含量与流量（对 x 方向）的相关关系。

根据达西法则（Darcy's Law），式（4.18）中的 q_x应为

$$q_x=-K(\theta)\frac{\mathrm{d}\psi}{\mathrm{d}x} \tag{4.19}$$

将式（4.19）代入式（4.18），可得

$$\frac{\mathrm{d}\theta}{\mathrm{d}t}=-\frac{\mathrm{d}}{\mathrm{d}x}\left[-K(\theta)\frac{\mathrm{d}\psi}{\mathrm{d}x}\right]=\frac{\mathrm{d}}{\mathrm{d}x}\left[K(\theta)\frac{\mathrm{d}\psi}{\mathrm{d}x}\right] \tag{4.20}$$

式中：θ 为土壤水分含量，%；t 为时间，s；ψ 为水势能，cm；x 为距离，cm；$K(\theta)$ 为土壤导水系数，cm/s。

式（4.20）即所谓的理查兹方程式（Richards Equation，Richards，1931）在 x 方向的水流方程。

式（4.20）若以扩散方式来表示，可将之改变为

$$\frac{\mathrm{d}\theta}{\mathrm{d}t}=\frac{\mathrm{d}}{\mathrm{d}x}\left[K(\theta)\frac{\mathrm{d}\psi}{\mathrm{d}\theta}\frac{\mathrm{d}\theta}{\mathrm{d}x}\right]=\frac{\mathrm{d}}{\mathrm{d}x}\left[D(\theta)\frac{\mathrm{d}\theta}{\mathrm{d}x}\right] \tag{4.21}$$

式中：$D(\theta)$ 为土壤扩散系数，$\mathrm{cm^2/s}$，$D(\theta)=K(\theta)\frac{\mathrm{d}\psi}{\mathrm{d}\theta}$；$\frac{\mathrm{d}\psi}{\mathrm{d}\theta}$为该土壤水文特征曲线斜率［即$\frac{\mathrm{d}\theta}{\mathrm{d}\psi}$，土壤比水容量（Specific Water Capacity）］的倒数。土壤比水容量是指在单位体积中，单位水势能的变化影响土壤水分含量的改变。

式（4.21）的优点是把式（4.20）中的水势能 ψ 去除，在数学演算上，减少一个变量。

假若水在土壤中的移动为三维移动，可把式（4.21）写成

$$\left.\begin{aligned}\frac{\partial\theta}{\partial t}&=\frac{\partial}{\partial x}\left[K_x(\theta)\frac{\partial\psi}{\partial\theta}\frac{\partial\theta}{\partial x}\right]+\frac{\partial}{\partial y}\left[K_y(\theta)\frac{\partial\psi}{\partial\theta}\frac{\partial\theta}{\partial y}\right]+\frac{\partial}{\partial z}\left[K_z(\theta)\frac{\partial\psi}{\partial\theta}\frac{\partial\theta}{\partial z}\right]\\\frac{\partial\theta}{\partial t}&=\frac{\partial}{\partial x}\left[D_x(\theta)\frac{\partial\theta}{\partial x}\right]+\frac{\partial}{\partial y}\left[D_y(\theta)\frac{\partial\theta}{\partial y}\right]+\frac{\partial}{\partial z}\left[D_z(\theta)\frac{\partial\theta}{\partial z}\right]\end{aligned}\right\}\tag{4.22}$$

式（4.22）是非线性二次偏微分方程，求解此方程必须具备下列条件：

(1) 土壤的初始水分含量（Initial Water Content）。

(2) 土柱的边界条件（Boundary Condition），以及式中土壤的相关参数，如土壤的导水系数 $K(\theta)$ 或扩散系数 $D(\theta)$ 等。

假如土壤是均质（Homogeneous）和等向性（Isotropic），即其导水系数 $k_x(\theta)=k_y(\theta)=k_z(\theta)=k(\theta)$，则式（4.21）和式（4.22）可改写成

$$\begin{aligned}\frac{\partial\theta}{\partial t}&=\frac{\partial}{\partial x}\left[K_x(\theta)\frac{\partial\psi}{\partial x}\right]+\frac{\partial}{\partial y}\left[K_y(\theta)\frac{\partial\psi}{\partial y}\right]+\frac{\partial}{\partial z}\left[K_z(\theta)\frac{\partial\psi}{\partial z}\right]\\&=K(\theta)\frac{\partial^2\psi}{\partial x^2}+K(\theta)\frac{\partial^2\psi}{\partial y^2}+K(\theta)\frac{\partial^2\psi}{\partial z^2}\\&=K(\theta)\left(\frac{\partial^2\psi}{\partial x^2}+\frac{\partial^2\psi}{\partial y^2}+\frac{\partial^2\psi}{\partial z^2}\right)\end{aligned}\tag{4.23}$$

假如土壤在饱和状态下，$K(\theta)=K_{sat}=$常数(Constant)。因此式（4.23）成为

$$\frac{\partial\theta}{\partial t}=K_{sat}\left(\frac{\partial^2\psi}{\partial x^2}+\frac{\partial^2\psi}{\partial y^2}+\frac{\partial^2\psi}{\partial z^2}\right)\tag{4.24}$$

再者，土壤既然处于饱和状态，其水分含量是固定不变的，因此

$$\frac{\partial\theta}{\partial t}=0$$

当 $\frac{\partial\theta}{\partial t}=0$ 时，　　$K_{sat}\left(\frac{\partial^2\psi}{\partial x^2}+\frac{\partial^2\psi}{\partial y^2}+\frac{\partial^2\psi}{\partial z^2}\right)=0$

由于土壤饱和导水系数不可能为零，即 $K_{sat}\neq0$。因此，只能

$$\frac{\partial^2\psi}{\partial x^2}+\frac{\partial^2\psi}{\partial y^2}+\frac{\partial^2\psi}{\partial z^2}=0\tag{4.25}$$

式（4.25）即常见的拉普拉斯方程（Laplace Equation，Kirkham 等，1972）。

在非饱和土壤中，土壤导水系数可以用水分含量 θ 或土壤势能 ψ 来表示，即 $K(\theta)$ 或 $K(\psi)$。在相关文献中，常用于描述此系数的经验方程式有以下几种。

(1) 以水分含量 $K(\theta)$ 来表示。

1) $K(\theta)=a\theta^m$。

2) $K(\theta)=K_{sat}\left(\dfrac{\theta}{\theta_{sat}}\right)^m$。

3) $K(\theta)=K_{sat}\,e^{\beta(\theta-\theta_{sat})}$。

(2) 以水势能 K (ψ) 来表示。

1) $K(\psi)=\dfrac{a}{\psi^m}$。

2) $K(\psi)=\dfrac{a}{b+\psi^m}$。

3) $K(\psi)=\dfrac{K_{sat}}{1+\left(\dfrac{\psi}{\psi_c}\right)^m}$。

更多有关土壤非饱和导水系数方程式可参阅 Hillel (1980) 及 Ghildyal 等 (1987) 的相关文献。

4.9 土壤水分的水平入渗

土壤的水平入渗，水移动是不会受重力影响的。如果只考虑 x 单一方向水的移动，式 (4.22) 只需保留右边的第一项，也就是回归到式 (4.21)。

在式 (4.21) 中含有 3 个变量，即 θ、t 和 x。在一个二次偏微分方程中有 3 个变量，在数理上不容易解，最理想的解法是把式 (4.21) 转换成一次偏微分方程。为了容易了解，以 x 方向的二次偏微分方程，利用相似法 (Similarity Method) 来说明，即

$$\frac{\partial\theta}{\partial t}=\frac{\partial}{\partial x}\left[D(\theta)\frac{\partial\theta}{\partial x}\right] \tag{4.26}$$

假如，

土壤的初始条件是：　$\theta=\theta_i$，　$x>0$，　$t=0$

而其边界条件则是：　$\theta=\theta_i$，　$x\to\infty$，$t\geqslant 0$

$$\theta=\theta_s,\quad x=0,\quad t\geqslant 0$$

为了解式（4.26），可以假设土壤水分含量 θ 只是 η 的一个函数，即 $\theta=f(\eta)$，而 η 又是 x 和 t 的一个函数，即 $\eta=x^{\alpha}t^{\beta}$（Kirkham 等，1972）

若把以上的假设代入式（4.26）的左边，可写成

$$\frac{\partial\theta}{\partial t}=\frac{\partial\theta}{\partial\eta}\frac{\partial\eta}{\partial t}=x^{\alpha}\beta t^{(\beta-1)}\frac{\partial\theta}{\partial\eta}\tag{4.27}$$

式（4.26）的右边：$\frac{\partial}{\partial x}\left[D(\theta)\frac{\partial\theta}{\partial x}\right]$中的$\frac{\partial\theta}{\partial x}$可写成

$$\frac{\partial\theta}{\partial x}=\frac{\partial\theta}{\partial\eta}\frac{\partial\eta}{\partial x}=\alpha x^{(\alpha-1)}t^{\beta}\frac{\partial\theta}{\partial\eta}$$

现将 $\frac{\partial\theta}{\partial x}$ 的结果代入 $\frac{\partial}{\partial x}\left[D(\theta)\frac{\partial\theta}{\partial x}\right]$ 中，可得

$$\begin{aligned}\frac{\partial}{\partial x}\left[D(\theta)\frac{\partial\theta}{\partial x}\right]&=\frac{\partial D(\theta)}{\partial x}\frac{\partial\theta}{\partial x}+D(\theta)\left[\frac{\partial}{\partial x}\left(\frac{\partial\theta}{\partial x}\right)\right]\\&=\frac{\partial D(\theta)}{\partial\eta}\frac{\partial\theta}{\partial\eta}[\alpha x^{(\alpha-1)}t^{\beta}]^2+D(\theta)\frac{\partial}{\partial x}\left\{[\alpha x^{(\alpha-1)}t^{\beta}]\frac{\partial\theta}{\partial\eta}\right\}\\&=\frac{\partial D(\theta)}{\partial\eta}\frac{\partial\theta}{\partial\eta}[\alpha^2x^{2(\alpha-1)}t^{2\beta}]+D(\theta)\alpha(\alpha-1)x^{(\alpha-2)}t^{\beta}\frac{\partial\theta}{\partial\eta}\\&\quad+D(\theta)\alpha^2x^{2(\alpha-1)}t^{2\beta}\frac{\partial^2\theta}{\partial\eta^2}\end{aligned}\tag{4.28}$$

从式（4.26）中可知 $\frac{\partial\theta}{\partial t}=\frac{\partial}{\partial x}\left[D(\theta)\frac{\partial\theta}{\partial x}\right]$，所以

$$\frac{\partial\theta}{\partial t}=\frac{\partial D(\theta)}{\partial\eta}\frac{\partial\theta}{\partial\eta}[\alpha^2x^{2(\alpha-1)}t^{2\beta}]+D(\theta)\alpha(\alpha-1)x^{(\alpha-2)}t^{\beta}\frac{\partial\theta}{\partial\eta}+D(\theta)\alpha^2x^{2(\alpha-1)}t^{2\beta}\frac{\partial^2\theta}{\partial\eta^2}$$

$$\beta x^{\alpha}t^{\beta-1}\frac{\partial\theta}{\partial\eta}=\alpha^2x^{2(\alpha-1)}t^{2\beta}\left[\frac{\partial D(\theta)}{\partial\eta}\frac{\partial\theta}{\partial\eta}+D(\theta)\frac{\partial^2\theta}{\partial\eta^2}\right]+D(\theta)\alpha(\alpha-1)x^{(\alpha-2)}t^{\beta}\frac{\partial\theta}{\partial\eta}\tag{4.29}$$

对式（4.29）的左右边各乘以 x^2，可得

$$\beta x^{\alpha+2}t^{\beta-1}\frac{\partial\theta}{\partial\eta}=\alpha^2x^{2\alpha}t^{2\beta}\left[\frac{\partial D(\theta)}{\partial\eta}\frac{\partial\theta}{\partial\eta}+D(\theta)\frac{\partial^2\theta}{\partial\eta^2}\right]+D(\theta)\alpha(\alpha-1)x^{\alpha}t^{\beta}\frac{\partial\theta}{\partial\eta}\tag{4.30}$$

在式（4.30）中，值得注意的是 $x^{\alpha+2}t^{\beta-1}=x^{\alpha}x^2t^{\beta}t^{-1}=x^{\alpha}t^{\beta}x^2t^{-1}$，则

$$\beta x^{\alpha}t^{\beta}x^2t^{-1}\frac{\partial\theta}{\partial\eta}=\alpha^2x^{2\alpha}t^{2\beta}\left[\frac{\partial D(\theta)}{\partial\eta}\frac{\partial\theta}{\partial\eta}+D(\theta)\frac{\partial^2\theta}{\partial\eta^2}\right]+D(\theta)\alpha(\alpha-1)x^{\alpha}t^{\beta}\frac{\partial\theta}{\partial\eta}\tag{4.31}$$

又因为 $\eta=x^{\alpha}t^{\beta}$，所以式（4.31）可变成

$$\beta\eta x^{2}t^{-1}\frac{\partial\theta}{\partial\eta}=\alpha^{2}\eta^{2}\left[\frac{\partial D(\theta)}{\partial\eta}\frac{\partial\theta}{\partial\eta}+D(\theta)\frac{\partial^{2}\theta}{\partial\eta^{2}}\right]+D(\theta)\alpha(\alpha-1)\eta\frac{\partial\theta}{\partial\eta}\tag{4.32}$$

为了使式（4.32）成为只有 θ 和 η 的方程式，就必须把式中的 β 和 α 消去。β 和 α 都属常数，其值该是多少？在演算过程中假设 $\eta=x^{\alpha}t^{\beta}$；假如 $\alpha=2$，$\beta=-1$，则 η 为

$$\eta=\frac{x^{2}}{t}$$

式（4.32）可以简化为

$$\beta\eta^{2}\frac{\mathrm{d}\theta}{\mathrm{d}\eta}=\alpha^{2}\eta^{2}\left[\frac{\mathrm{d}D(\theta)}{\mathrm{d}\eta}\frac{\mathrm{d}\theta}{\mathrm{d}\eta}+D(\theta)\frac{\mathrm{d}^{2}\theta}{\mathrm{d}\eta^{2}}\right]+D(\theta)\alpha(\alpha-1)\eta\frac{\mathrm{d}\theta}{\mathrm{d}\eta}\tag{4.33}$$

在式（4.33）中，如果要消去右式中的第二项，则 α 必须等于 1。当确定 $\alpha=1$ 后，再来确定 β 的值。

例如，我们可以确定 $\alpha=1$ 后，再假设 $\beta=0$、$\beta=\frac{1}{2}$、$\beta=-\frac{1}{2}$、$\beta=1$、$\beta=-1$，然后把 β 值代入式（4.33）中观察其变化。从中我们发现当 $\beta=-\frac{1}{2}$ 为最佳选择。也就是说，当 $\alpha=1$，$\beta=-\frac{1}{2}$ 时，$\eta=xt^{-\frac{1}{2}}$ 或者 $\eta^{2}=x^{2}t^{-1}$。

因此，式（4.33）可写成

$$D(\theta)\frac{\mathrm{d}^{2}\theta}{\mathrm{d}\eta^{2}}=-\left[\frac{\mathrm{d}D(\theta)}{\mathrm{d}\theta}\frac{\mathrm{d}\theta}{\mathrm{d}\eta}-\frac{1}{2}\eta\frac{\mathrm{d}\theta}{\mathrm{d}\eta}\right]$$

或者

$$\frac{\mathrm{d}^{2}\theta}{\mathrm{d}\eta}=-\frac{1}{D(\theta)}\left[\frac{\mathrm{d}D(\theta)}{\mathrm{d}\theta}\frac{\mathrm{d}\theta}{\mathrm{d}\eta}+\frac{1}{2}\eta\frac{\mathrm{d}\theta}{\mathrm{d}\eta}\right]$$

或者

$$-\frac{\mathrm{d}\theta}{\mathrm{d}\eta}=\frac{2}{\eta}\frac{\mathrm{d}}{\mathrm{d}\eta}\left[D(\theta)\frac{\mathrm{d}\theta}{\mathrm{d}\eta}\right]\tag{4.34}$$

从式（4.34）可以看出，当 $\eta=xt^{-\frac{1}{2}}$ 时，式（4.26）从 3 个变量的二次偏微分方程转换成只有 2 个变量的普通微分方程，这种转换称为玻尔茨曼变换（Boltzmann Transformation）（Kirkham 等，1972）。

式（4.26）中的边界条件也可转换成

$$\theta=\theta_{\mathrm{i}},\ \eta\rightarrow\infty$$
$$\theta=\theta_{\mathrm{s}},\ \eta=0$$

式（4.34）中的扩散系数与土壤水分含量有关，如图 4.23 所示。

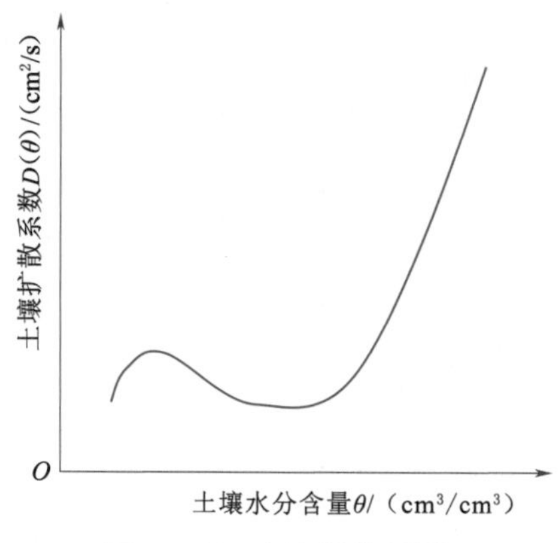

图 4.23　土壤扩散系数与水分含量的关系

在相关文献中，常用于描述此系数的经验方程式有（Ghildyal 等，1987；郭素珍，1998）：

$$D(\theta)=ae^{b\theta}$$

$$D(\theta)=Ae^{\beta(\theta-\theta_s)}$$

$$D(\theta)=A\theta^{a}$$

$$D(\theta)=A(\theta/\theta_s)^{\alpha}$$

式中：θ_s为饱和水分含量；A，a，b，α 及 β 均由实验测出。

如果扩散系数是一个常数，利用转换后的初始和边界条件，式（4.34）可求得如下的解析方程（Kirkham 等，1972；Koorevaar 等，1985）。

$$\theta=\theta_i+(\theta_s-\theta_i)\operatorname{erfc}\left(\frac{\eta}{2\sqrt{D}}\right) \tag{4.35}$$

式中：erfc（）为互补误差函数（Complementary Error Function）。

关于互补误差函数在很多工程数学中都有说明，亦可参阅 Ghildyal 等（1987）的相关文献。如何求得式（4.35），可参考 Koorevaar 等（1985）文献中的附录二（Appendix 2）。式（4.34）因为扩散系数的关系，可利用数值分析法（Numerical Methods）求解，有兴趣的可参考郭素珍（1998）的相关文献。

4.10　土壤水分的垂直入渗

以上所讨论的土壤入渗是不受重力影响的情况下所得到的结果。若是垂直方向，重力对水的入渗影响会随时间的增加而增加。按照达西法则，土壤水分的垂直（z 方向）入渗为

$$q_z=-K\frac{dH}{dz} \tag{4.36}$$

式中：H 为总势能。

如果势能的基准线设在地表，即 $z=0$，总势能应为

$$H=H_o-z \tag{4.37}$$

式中：H_0为在土表上的水深；z 为润锋深度。

若在非饱和状态下，H_0为负值，可用 ψ 来替代。

$$H=-(\psi+z) \tag{4.38}$$

若把式（4.38）代入式（4.36），可得

$$q_z=-K\frac{d\psi}{dz}-K \tag{4.39}$$

根据式（4.18）的连续方程式，水流在 z 方向应为

$$\frac{\partial\theta}{\partial t}=-\frac{\partial q_z}{\partial z}=\frac{\partial}{\partial z}\left(K\frac{\partial\psi}{\partial z}\right)+\frac{\partial K}{\partial z} \tag{4.40}$$

同样的，利用链式规则（Chain Rule），可把式（4.40）中的 $\frac{\partial\psi}{\partial z}$ 改写成

$$\frac{\partial\theta}{\partial t}=\frac{\partial}{\partial z}\left(K\frac{\partial\psi}{\partial\theta}\frac{\partial\theta}{\partial z}\right)+\frac{\partial K}{\partial z} \tag{4.41}$$

式（4.41）亦可用扩散方式来表示，按照扩散系数的定义，$D(\theta)=K\left(\frac{\partial\psi}{\partial\theta}\right)$，则式（4.41）可以写成

$$\frac{\partial\theta}{\partial t}=\frac{\partial}{\partial z}\left[D(\theta)\frac{\partial\theta}{\partial z}\right]+\frac{\partial K}{\partial z} \tag{4.42}$$

式（4.42）是土壤水分垂直入渗的二次偏微分方程，与水平入渗方程相比，式（4.42）比式（4.26）的右边多了一受重力影响的项。

假设土壤水分垂直入渗的初始和边界条件与土壤水分水平入渗相类似[式（4.26）]，在均质土壤且不受地下水影响的情况下，式（4.42）有不少解法。最受重视的莫过于由 Philip（1957）提出的半理论半经验的方法。

在讨论式（4.26）时，水沿 x 方向渗透，在演算过程中设 $\eta(\theta)=x t^{-\frac{1}{2}}$或 $x=\eta(\theta)t^{\frac{1}{2}}$，而垂直入渗水是沿 z 方向渗透。假设垂直入渗的解法与水平入渗的解法类似，菲利浦则选择如下的时间级数形式来解式中的 z，即

$$Z(\theta,t)=f_1(\theta)t^{\frac{1}{2}}+f_2(\theta)t+f_3(\theta)t^{\frac{3}{2}}+f_4(\theta)t^2+\cdots=\sum_{i=1}^{\infty}f_i(\theta)t^{\frac{i}{2}} \tag{4.43}$$

这里的 $Z(\theta, t)$ 相当于水平入渗中的 $x(\theta, t)$，而 $f_i(\theta)$ 则为土壤水分含量 θ 的某一参数，相当于水平入渗中的 $\eta(\theta)$。

依质量守恒定律［式（4.13）］，在一定时段 t 内，通过地表单位面积入渗到土壤剖面中的水量［即累积入渗量 $I(t)$］与由剖面下部渗出的水量之差，应该等于该 t 时段内土壤剖面中水量的增量，故剖面下部渗出的水量应为 $K(\theta_i)t$ 。而土壤剖面中水的增量应为

$$\int_{\theta_i}^{\theta} Z(\theta,\ t)\,\mathrm{d}\theta \text{ 或 } \int_{0}^{\infty} [\theta(Z,\ t)-\theta(Z,\ 0)]\,\mathrm{d}Z$$

于是有 $I(t)-K(\theta_i)t=\int_{\theta_i}^{\theta} Z(\theta,\ t)\,\mathrm{d}\theta$（郭素珍，1998；Ghildyal 等，1987），即

$$I(t)=\int_{\theta_i}^{\theta} Z(\theta,t)\,\mathrm{d}\theta+K(\theta_i)t \tag{4.44}$$

将式（4.43）代入式（4.44），可得

$$\begin{aligned}I(t)&=\int_{\theta_i}^{\theta}[f_1(\theta)t^{\frac{1}{2}}+f_2(\theta)t+f_3(\theta)t^{\frac{3}{2}}+f_4(\theta)t^2+\cdots+f_n(\theta)t^{\frac{n}{2}}]\,\mathrm{d}\theta+K(\theta_i)t\\&=t^{\frac{1}{2}}\int_{\theta_i}^{\theta}f_1(\theta)\,\mathrm{d}\theta+t\int_{\theta_i}^{\theta}f_2(\theta)\,\mathrm{d}\theta+t^{\frac{3}{2}}\int_{\theta_i}^{\theta}f_3(\theta)\,\mathrm{d}\theta+\cdots+t^{\frac{n}{2}}\int_{\theta_i}^{\theta}f_n(\theta)\,\mathrm{d}\theta\\&\quad+K(\theta_i)t\end{aligned}$$

上式中，假设

$$S(\theta)=\int_{\theta_i}^{\theta}f_1(\theta)\,\mathrm{d}\theta;A_2(\theta)=\int_{\theta_i}^{\theta}f_2(\theta)\,\mathrm{d}\theta;A_3(\theta)=\int_{\theta_i}^{\theta}f_3(\theta)\,\mathrm{d}\theta\cdots$$

则

$$I(t)=S(\theta)t^{\frac{1}{2}}+[A_2(\theta)+K(\theta_i)]t+A_3(\theta)t^{\frac{3}{2}}+A_4(\theta)t^2+\cdots+A_n(\theta)t^{\frac{n}{2}} \tag{4.45}$$

简化式（4.45），只取右边前两项，则得

$$I(t)=S(\theta)t^{\frac{1}{2}}+A(\theta)t \tag{4.46}$$

式中：$S(\theta)$ 为吸渗率（Sorptivity），cm/s$^{1/2}$（本书把 Sorptivity 译为吸渗率，因水进入土中不受重力的影响，如此一来可以与受重力影响的入渗区别开来；二来，也有其他文献将其译成吸着或吸水率，但是吸着一词的英文翻译一般为 Adsorption，所以为了避免混淆，才用吸渗率）；$A(\theta)$ 为渗透系数，cm/s，$A(\theta)=A_2(\theta)+K(\theta_i)$。

根据入渗率 i 与累积入渗量 I 的关系，利用式（4.46）对 t 微分，可得

$$i(t)=S(\theta)t^{-\frac{1}{2}}+A(\theta) \tag{4.47}$$

式（4.46）即 Philip 的半理论半经验的二项入渗方程（Philip Two-term

Equation）(Philip，1957)。这半理论半经验的二项入渗方程式右边的第一项受土壤水势能控制，而第二项则受重力影响。在入渗初期，$S(\theta)$ 起主要作用，相当于水平入渗的情况。随着入渗时间的增加，$A(\theta)$ 便成为影响入渗的主要因素。当入渗水时间 $t \to \infty$ 时，$A(\theta)$ 接近 K_{sat} 值（饱和导水系数）。关于 $A(\theta)$ 与 K_{sat} 间的关系，在许多文献中均有详细的讨论（Philip，1957)，在此不再赘述。

$S(\theta)$ 和 $A(\theta)$ 这两个系数均与入渗时土壤水分含量有关，入渗时土壤水分含量越高，土壤的吸渗率 $S(\theta)$ 就越小，在土壤饱和时吸渗率为 0［图 4.24（a)］。$A(\theta)$ 与土壤水分含量的关系恰恰与 $S(\theta)$ 相反［图 4.24（b)］（郭素珍，1998；Taylor 和 Ashcroft，1972)。

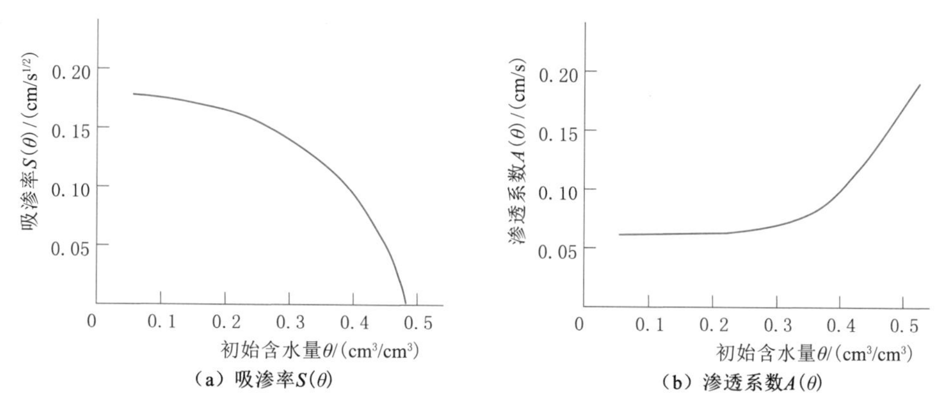

图 4.24 Philip 二项入渗方程中吸渗率和渗透系数与土壤水分含量的关系

4.11 田间非饱和导水系数和扩散系数的测定

如前所述，利用理查兹方程式（Richards，1931）来模拟水或其他物质在土壤中的移动时，除了需要把土壤的初始（Initial）和边界（Boundary）条件确定之外，还必须确定土壤的一些基本性质，包括导水系数 $K(\theta)$ 或扩散系数 $D(\theta)$。然而，这些资料不管是在实验室内，还是在田间都不容易测得。本节的目的是介绍如何将第 4.8 节的理查兹方程简化成代数方程，再把这些代数方程应用在田间测定土壤非饱和导水系数和扩散系数。

理查兹方程式假若只考虑垂直方向的水分移动，则式（4.20）可写成

$$\frac{d\theta}{dt}=-\frac{d}{dz}\left[K(\theta)\frac{dH}{dz}\right] \tag{4.48}$$

由于式（4.48）的左边为土壤水分含量 θ 对时间 t 的变化，而右边为水分在土层 z 方向的流量。如果在式（4.48）两边同时对土层积分，则式（4.48）可写成

$$\int_0^L \frac{d\theta}{dt}dz=-\int_0^L \frac{d}{dz}\left[K(\theta)\frac{dH}{dz}\right]dz \tag{4.49}$$

现将式（4.49）的左右两边分开讨论。

1. 式（4.49）的左边（LHS）

让我们先来了解一下式（4.49）左边的积分。按莱布尼茨法则（Leibnitz's Rule）（Chong，1979；Ghildyal 等，1987），$\int_a^b \frac{dx}{dy}dy$ 可分解如下。

$$\int_a^b \frac{dx}{dt}dy=\frac{d}{dt}\int_a^b x\,dy-x|_b\frac{db}{dt}+x|_a\frac{da}{dt}$$

因此，式（4.49）的左边可写成

$$\int_0^L \frac{d\theta}{dt}dz=\frac{d}{dt}\int_0^L \theta dz-\theta|_L\frac{dL}{dt}+\theta|_0\frac{d0}{dt} \tag{4.50}$$

在式（4.50）右边最后两项实际为 0，因为 L 和 θ 均为常数，所以式（4.50）可写成

$$\int_0^L \frac{d\theta}{dt}dz=\frac{d}{dt}\int_0^L \theta dz \tag{4.51}$$

或

$$\int_0^L \frac{d\theta}{dt}dz=L\frac{d}{dt}\frac{\int_0^L \theta dz}{L}$$

式（4.51）中，$\frac{\int_0^L \theta dz}{L}$ 是土层中的平均水分含量 $\bar{\theta}$，可将其代入式（4.51），即

$$\int_0^L \frac{d\theta}{dt}dz=L\frac{d\bar{\theta}}{dt} \tag{4.52}$$

2. 式（4.49）的右边（RHS）

式（4.49）的右边是对垂直 z 方向的积分，因此可以把它分解成

$$-\int_0^L \frac{d}{dz}\left[K(\theta)\frac{dH}{dz}\right]dz=-K(\theta)\frac{dH}{dz}|_L-K(\theta)\frac{dH}{dz}|_0 \tag{4.53}$$

在式（4.53）中，等号右边中的 $K(\theta)\frac{dH}{dz}$ 实际就是达西流率（Darcy Flow Rate）。第一项是在土层深 L 处水的流通量，而第二项是在地表（$z=0$）的流通量。

如果在田间进行土层经饱和后排水的试验，而且在整个排水期间，测试区没有雨水进入或地表蒸发的情况下，则式（4.53）中右边的第二项应为0，即

$$K(\theta)\frac{dH}{dz}|_0=0$$

因此，式（4.53）就可以简化成

$$-\int_0^L\frac{d}{dz}\left[K(\theta)\frac{dH}{dz}\right]dz=-K(\theta)\frac{dH}{dz}|_L \tag{4.54}$$

式中：H 为总水势能，也就是基势能 ψ 和重力势能 z 的总和［式（4.38）］，即 $H=-(\psi+z)$。

在一均匀的根系层中，如果土层的排水性良好，土层中任何一点的水分含量都应该相同，也就是说土壤基势能 ψ 是一个定值。现将式（4.38）代入式（4.54）的右边，可得

$$RHS=-K(\theta)\frac{dH}{dz}|_L=K(\theta)\frac{d(\psi+z)}{dz}|_L$$

因为 ψ 是个定值，所以

$$RHS=K(\theta)\frac{d(z)}{dz}|_L=K(\theta)\frac{d(z)}{dz}|_L=K(\theta) \tag{4.55}$$

回到式（4.49），则式（4.52）应该等于式（4.55）（即方程式 $RHS=LHS$），所以

$$K(\theta)=L\frac{d\bar{\theta}}{dt} \tag{4.56}$$

式（4.56）说明在排水良好的土壤中，土层经饱和之后，在地表没有降雨或蒸发的情况下，土壤的导水系数 $K(\theta)$，可以从土壤在排水过程中，利用水分含量对时间的变化而求得。

3. 简易田间非饱和导水测定 $K(\theta)$

利用式（4.56），直接在田间测定 $K(\theta)$，测定时将单环入渗器（Single-ring Infiltrometer，直径 1.5m，高 0.3m）插入土中，在铁环内安装张力计

及 TDR 水分测定仪（图 4.25）。

首先，在入渗器中灌水，最理想是能同时进行入渗测定（如何测定，可参考第 5 章），直到土壤饱和为止。停止灌水之后，一旦地表水消失（即排水的开始时间），开始从张力计及 TDR 中读数。在排水过程中，前 2～5 小时中最好能有 5～6 个读数，之后可每 12 小时读一次，慢慢地减少为每天甚至每两天读一次。所收集的张力计及 TDR 的读数与相对时间可绘成如图 4.26 所示的曲线。

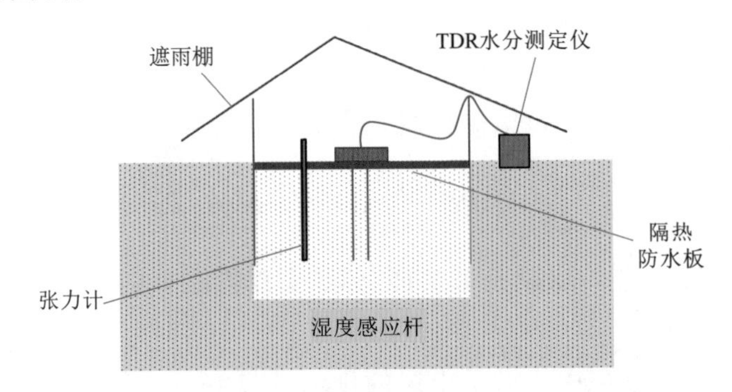

图 4.25　田间土层经饱和后排水试验装置

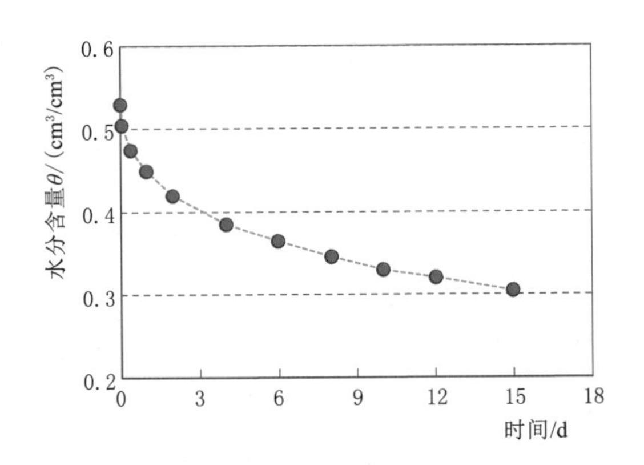

图 4.26　土壤饱和后排水水分含量相对时间的变化

如图 4.26 所示，土层中的水分含量 θ 与排水时间 t 呈幂函数（Power Function）（Chong 等，1981；Green 等，1986）关系，即

$$\theta = at^b \tag{4.57}$$

把式（4.57）代入式（4.56）最后可以得出

$$K(\theta)=-Lab\left(\frac{\theta}{a}\right)^{\frac{b-1}{b}}$$

或可写成

$$K(\theta)=-Lba^{\frac{1}{b}}\theta^{\frac{b-1}{b}} \tag{4.58}$$

式（4.58）中的 a 和 b 值可从式（4.57）中利用回归方程求得。

如前所述，土壤水的扩散系数 $D(\theta)$ 定义为

$$D(\theta)=K(\theta)\frac{\mathrm{d}H}{\mathrm{d}\theta} \tag{4.59}$$

依链式法（Chain Rule），可以把上式的微分写成

$$D(\theta)=K(\theta)\frac{\mathrm{d}H}{\mathrm{d}\theta}=K(\theta)\frac{\mathrm{d}H}{\mathrm{d}t}\frac{\mathrm{d}t}{\mathrm{d}\theta}$$

或

$$D(\theta)=K(\theta)\frac{\frac{\mathrm{d}H}{\mathrm{d}t}}{\frac{\mathrm{d}\theta}{\mathrm{d}t}} \tag{4.60}$$

根据式（4.56），则式（4.60）又可写成

$$D(\theta)=K(\theta)\frac{\frac{\mathrm{d}H}{\mathrm{d}t}}{\frac{\mathrm{d}\theta}{\mathrm{d}t}}=L\ \frac{\mathrm{d}\theta}{\mathrm{d}t}\frac{\frac{\mathrm{d}H}{\mathrm{d}t}}{\frac{\mathrm{d}\theta}{\mathrm{d}t}} \tag{4.61}$$

式（4.61）最后可简化成

$$D(\theta)=L\ \frac{\mathrm{d}H}{\mathrm{d}t} \tag{4.62}$$

在前面所述的排水试验中，土壤水势能在排水期间的变化结果如图 4.27 所示。土层中的水势能 H 与排水时间 t 亦成幂函数（Power Function）的关系，即

$$H=mt^{n} \tag{4.63}$$

如果把式（4.57）及式（4.63）代入式（4.62），D（θ）可改写成

$$D(\theta)=-Lmna^{-\left(\frac{n-1}{b}\right)}\theta^{\frac{n-1}{b}} \tag{4.64}$$

式（4.58）及式（4.64）即在文献中所提的 CGA 田间非饱和导水及扩散系数测定法（Libardi 等，1980；Green 等，1986）。式中的 a、b、m 及 n 值是在田间排水试验中测量并计算得出的。

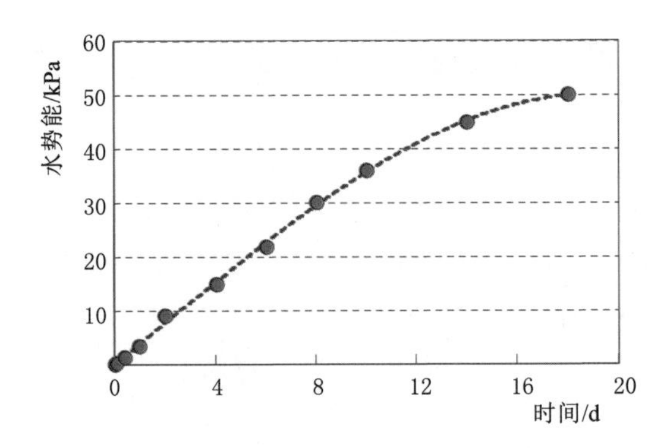

图 4.27　饱和后排水土壤中水势能相对时间的变化

参　考　文　献

万鑫森，2005. 基础土壤物理学 [M]. 中国台北：茂昌出版社.

郭素珍，1998. 土壤物理学 [M]. 呼伦贝尔：内蒙古文化出版社.

CHONG S K，1979. Infiltration prediction based on in-situ measurements of soil-water properties [D]. Honolulu：University of Hawaii.

CHONG S K，GREEN R E，AHUJA L R，1981. Simple in situ determination of hydraulic conductivity by power function description of drainage [J]. Water Resources Research，17：1109 - 1114.

CHONG S K，ZHANG A Q，BONIAK R，et al.，2006. USGA Turfgrass and Environmental Research Online [J]. United States Golf Association，5：1 - 10.

GHILDYAL B P，TRIPATHI R P，1987. Soil Physics [M]. New York：John Wiley & Sons.

GREEN R E，AHUJA L R，CHONG S K，1986. Hydraulic conductivity，diffusivity，and sorptivity of unsaturated foils：Field method [M]. Methods of Soil Analysis：Part 1 Physical and Mineralogical Methods，Second Edition：Madison Wisconsin：John Wiley & Sons.

HILLEL D，1980. Fundamentals of Soil Physics [M]. New York：Academic Press.

HILLEL D，1980. Application of Soil Physics [M]. New York：Academic Press.

JACKSON R D，1963. Porosity and soil-water diffusivity relations [J]. Soil Science Society of America Journal，27：123 - 126.

KIRKHAM D，POWERS W L，1972. Advanced soil physics [M]. New York：Wiley-Interscience.

KOOREVAAR P，MENELIK G Menelik，DIRKSEN C，1985. Elements of soil physics [M]. New York：Elsevier Science Publishers.

LIBARDI P，REICHARDT L K，NIELSEN D R，et al.，1980. Simplified methods for esti-

mating soil hydraulic conductivity [J]. Soil Science Society of America Journal, 44: 3-7.

PHILIP J R, 1957. The theory of infiltration: 1. The infiltration equation and its solution [J]. Soil Science, 83: 345-357.

RICHARDS L A, 1931. Capillary conduction of liquids in porous mediums [J]. Physics, 1: 318-333.

TAYLOR S A, ASHCROFT G L, 1972. Physical edaphology [M]. San Francisco: The Freeman and Company.

第5章 土壤水分入渗

在讨论雨水或灌溉水能否被土壤吸收之前，我们先来了解一些水在土壤中移动常用的名词（Terminology）（Brady 等，2008）。图 5.1 所示为地表水文循环示意图，由图可知在降雨时水在集水区中可能出现的几种情形。当降雨达到地面时，是被土壤吸收还是转成地表径流，完全取决于地表的状况和土壤的物理性质。

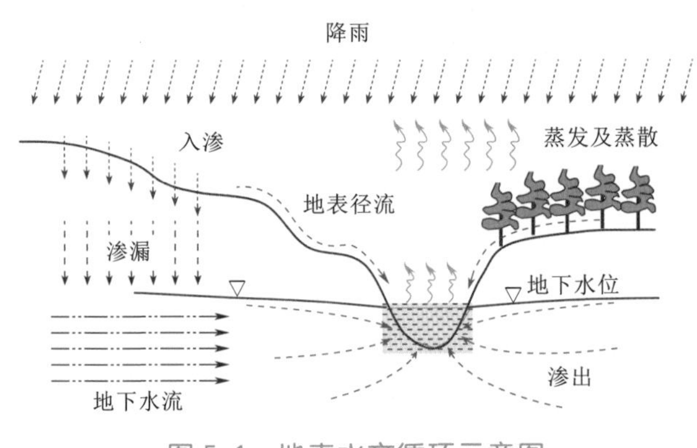

图 5.1　地表水文循环示意图

在相关文献中描述降雨或灌溉水进入土壤时，所用的名词常有不同，最常用的是入渗（Infiltration）。按照土壤物理学的概念来说，入渗是指水随着重力方向垂直进入土壤［图 5.2（a）］，当然入渗在灌溉上也常被采用，但严谨地说，灌溉时水进入土中用吸入（Intake）来形容可能会比较贴切，原因是水从地表进入土壤中的方向是随着水和土壤接触界面而定的［图 5.2（b）］，而且所灌溉的水也可能因毛细管作用在土层中往不同方向窜流，而非顺着重力方向移动。

渗滤（Percolation）是指在地表以下，水在土中处于饱和或接近饱和状态下的移动，此名词通常在化粪池或净化槽（Septic Tank）工程中出现。

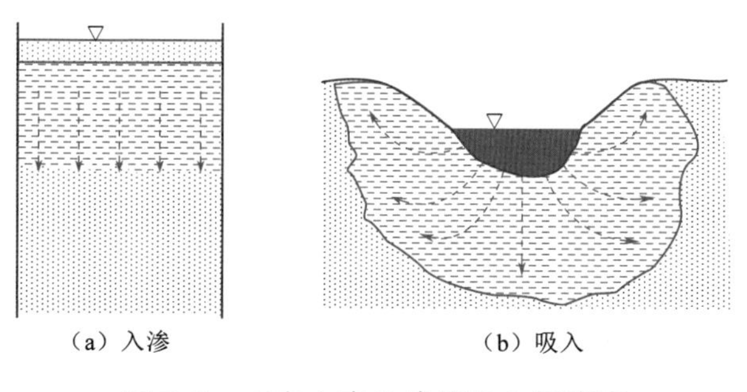

图 5.2 水在土中入渗和吸入示意图

渗出或渗漏（Seepage）通常用来形容水在土壤中慢速流动，如地下水渗出到河中或湖水经土坝渗漏流失等。

虽然如此，不同专业领域，在解决不同的问题时，这些名词也经常被混用。因此，上述的说明或许无法让大家认同。

本章主要讨论的土壤水分入渗是指水经过地表进入土壤中的过程，水随着重力沿垂直方向的移动。土壤水分的入渗率 i（Infiltration Rate）是指单位时间、单位面积通过地表的水量。如图 5.3（a）所示，在入渗开始时，水进入地表的速度比较快，随着时间的延伸，入渗率逐渐减小，最后达到稳定，此时的入渗率称为稳定入渗率（Steady Infiltration Rate）i_s。图 5.3（b）为累积入渗量（Cumulative Infiltration Curve）I 随时间变化的曲线。

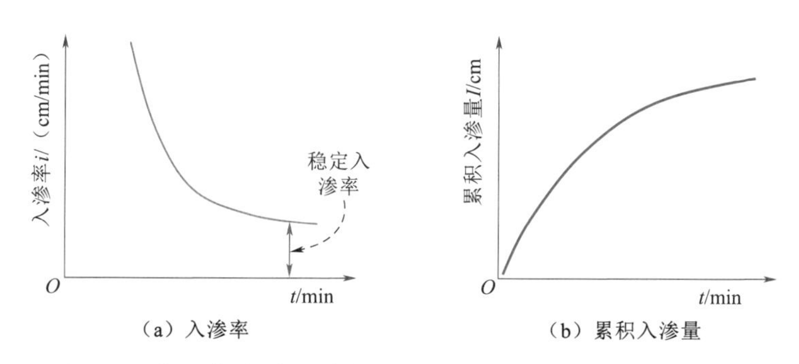

图 5.3 典型的土壤入渗率及累积入渗量随时间变化的曲线

5.1 影响土壤水分入渗的因素

在此利用降雨来说明影响土壤水分入渗的主要因素。

5.1.1　降雨特性

（1）降雨的强度（Rainfall Intensity）是指单位时间的降雨量。如果降雨强度太小，所降的雨水可能在被土壤吸收之前就已经蒸发了。但假如降雨强度太大，那么所降的雨水可能来不及被土壤吸收而产生表面径流。

（2）降雨的时长（Rainfall Duration）。短暂的降雨很难对土壤起作用，降雨的时间越长，雨水被土壤吸收的概率就越大。

（3）降雨的频率（Rainfall Frequency）是指在一定的时间内降雨的次数。因为土壤水分含量会随降雨的频率变化而改变，前一次降雨会影响下一次降雨的土壤吸收雨水的能力。降雨的频率越高，土壤吸收水的能力越低；反之，降雨的频率越低，土壤吸收水的能力就越高。

5.1.2　土壤状况和性质

（1）地表状况（Surface Condition）。地表的高低起伏、凹凸平整（Roughness and Configuration）、植被（Vegetation）以及自然状态对土壤的水分入渗均有极大影响。

（2）土壤初始含水量（Antecedent Condition，图 5.4）。土壤初始湿度高或接近饱和，所产生的水势能差小，缺乏动能，水流缓慢。否则，土壤初始湿度低或接近干土，所产生的水势能差大，水流就快。

（3）土壤质地（Soil Texture，图 5.5）。砂土质地粗，在自然状况下，虽然所含的孔隙率（Porosity）小，但所组成的孔径（Pore Diameter）较大，而黏土则相反。孔径大的土壤，水的流动会比孔径小的土壤来得快。

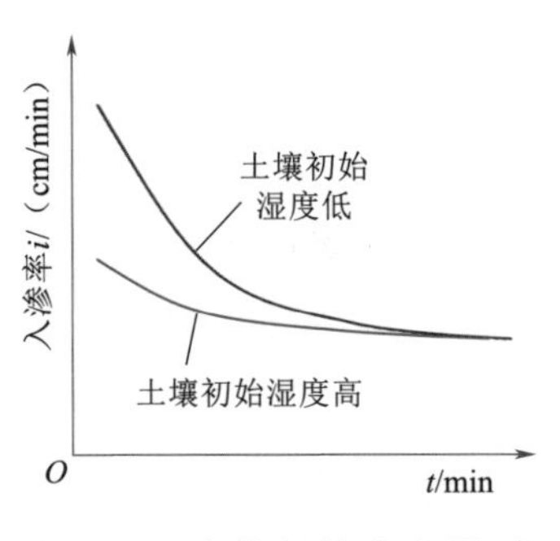

图 5.4　土壤初始含水量对入渗率的影响

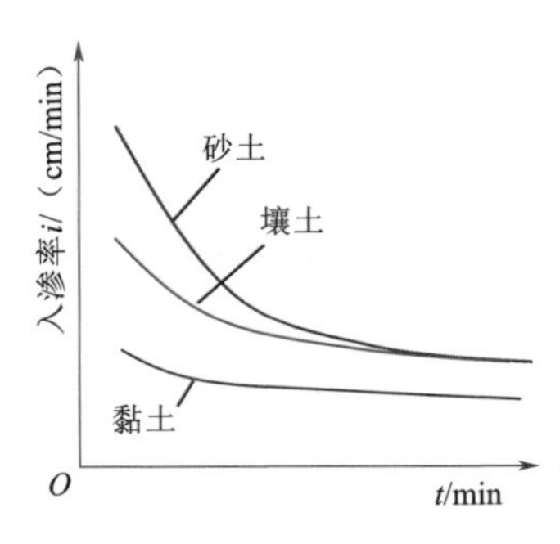

图 5.5　土壤质地对入渗率的影响

(4) 土壤颗粒结构 (Soil Structure, 图 5.6)。颗粒结构良好的土壤, 往往具有较大的孔隙, 水就易于进入土壤中。压实的土壤, 孔隙小, 会减缓水的入渗速度。

(5) 土层结构 (Soil Profile, 图 5.7)。土壤层次的产生可能出于自然、人为或其他因子。无论是如何产生的, 其剖面质地、层次或压实度对土壤水的入渗速度都会产生影响。

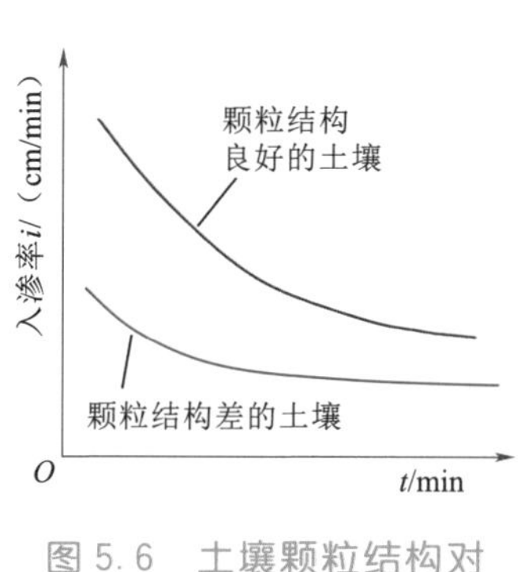

图 5.6 土壤颗粒结构对入渗率的影响

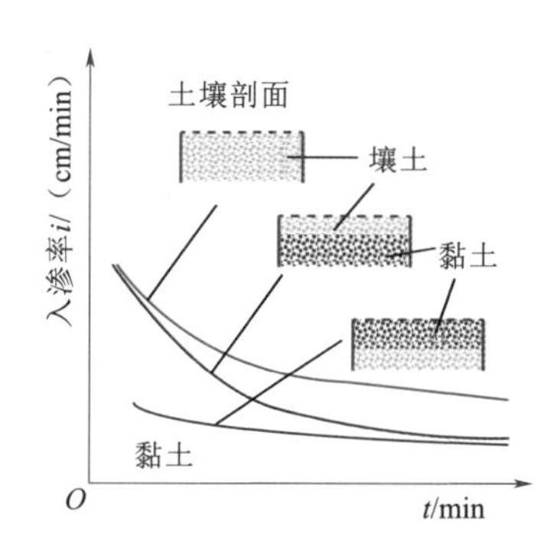

图 5.7 土层结构对入渗率的影响

5.1.3 土地利用及地形状况

(1) 土地利用 (Land Use)。从森林地、农地、草场到住宅区, 因为土壤受到不同程度的耕作、压实或扰动而影响水的入渗。由美国农业资源保护局 (USDA-Soil Conservation Service, 1985; United States Department of Agriculture, 1986) 推荐的地表径流曲线数法 (Surface Runoff Curve Number Method) 中就有详细的相关说明。

(2) 土地朝向 (Land Orientation)。在北半球, 常在朝北的山坡上采野菇菌, 因为朝北的土壤温度较低, 湿度也较高, 非常适合蘑菇生长。之所以会产生这种现象, 就是因为朝向不同, 土壤所接受的日照时间和所吸收的热能不同。朝南的土壤往往受到的日照时间较长, 所以吸收的热能也会比较高, 土壤的含水量也会较低, 因此, 土壤上所生长的植被也随之而异。

(3) 地形坡度 (Configuration and Topography)。坡度越陡, 水的滞留时间越短, 水能进入土壤的机会越小。

5.2 土壤水分入渗量的测定

土壤水分入渗量的测定方法很多，选用何种方法测定完全取决于应用和目的。以农田常见的沟灌（Furrow Irrigation）或畦灌（或埂田灌溉，Border Irrigation）来说明，虽然两者均属淹灌（Flooding Irrigation），但由于地表形态（Surface Configuration）的不同，为了符合及满足田间的条件，测定方法必须做些调整。

5.2.1 沟灌土壤水分入渗量的测定

测定沟灌土壤水分入渗量的最简单方法是直接从灌沟中截取单位长度，通过固定水头方式来测定（图5.8）。固定水头是指将水灌入灌沟之后，在整个测定过程中沟中的水保持固定深度。当沟中的水被土壤吸收，水位降低时，将由量筒中的水补足，将观测时间和补足的水量记录下来，如此循环直至沟中的水量保持稳定为止（即土壤达到饱和为止），再来计算水在灌沟土壤的入渗量。

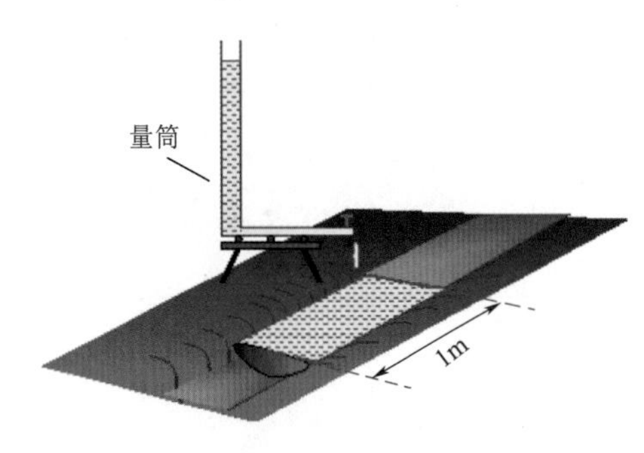

图5.8　固定水头灌沟入渗测定

当然，通过固定水头所测定的沟灌水分入渗与实际状况仍有距离，所以为了能更符合实际状况，可在渠沟上下游两端分别安装流量仪，如自动流量记录器（Auto-Recording Flow Meter）、帕歇尔量水槽（Parshall Flume）或溢流计（Weir Meter）等，然后再进行灌溉，如图5.9所示。在灌水期间，分别测出灌沟上游的入水量（Inflow，I）和在下游的流出量（Outflow，Q），利用I与Q之差便可算出灌沟所吸收的水量（Intake，S），即

$$I-Q=\frac{S}{Lt} \tag{5.1}$$

式中：t为时间；L为灌沟长度。

从式（5.1）可看出，沟灌入渗量的单位应该是$cm^3/(s \cdot m)$。

5.2.2 畦田（或埂田）灌溉土壤水分入渗量的测定

畦田或埂田的土壤水分入渗量一般是用淹水法（Ponding Method），

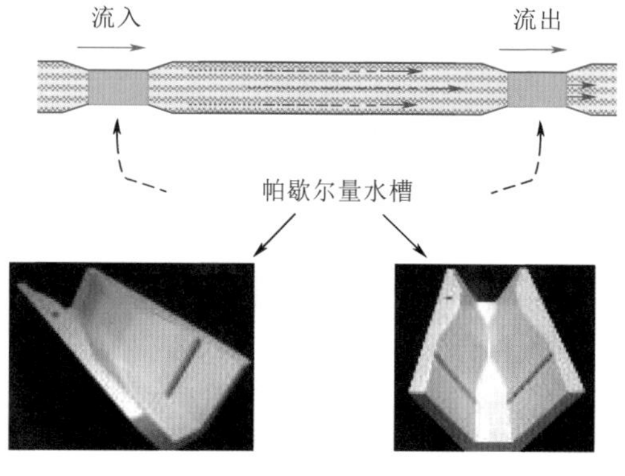

（a）利用帕歇尔量水槽测定渠沟入渗示意图

（b）田间实测情形

图 5.9　渠沟入渗测定

如漫灌的方式来测定（图 5.10），但利用单环测筒（Single-Ring Infiltrometer，Johnson，1963）或双环测筒（Double-Ring Infiltrometer）来测定的方法最为普遍（图 5.11）。无论是用单环测筒还是双环测筒，两者都是通过固定水头的方法来测定的。在整个测定过程中筒内的水须保持固定深度（最好能控制在 1cm 深）。

图 5.10　利用漫灌的方式测定畦田或埂田土壤水分入渗

利用测筒测量时，普遍认为筒越大越好，原因是越大的测筒所涵盖的面积越大，也比较具有代表性，但太大的测筒在田间不易操作。依据经验，测筒最好是用不锈钢薄板（厚为 2mm）制成，单环测筒的高和直径以 20～25cm 最为理想（双环测筒中的外筒可视情况决定）。在安插测筒时（最好能达 10cm 深），应尽量避免破坏或扰乱土壤及其地表状态。

使用双环测筒的主要目的是防止内筒横向水流（Lateral Flow）的发生，但使用双环测筒时，必须保持内外两测筒水深一致，否则其测定的结果可能会比单环测筒的有更大的误差。此外，使用双环测筒测定时，往往需要增加帮手，而单环测筒可以一人操作。

上述入渗测定主要是表土测定。若想了解水在深土层中的移动，学者们曾把直径为 120cm、长 120cm 的测筒（Chong 等，1997）整个安装在田中观

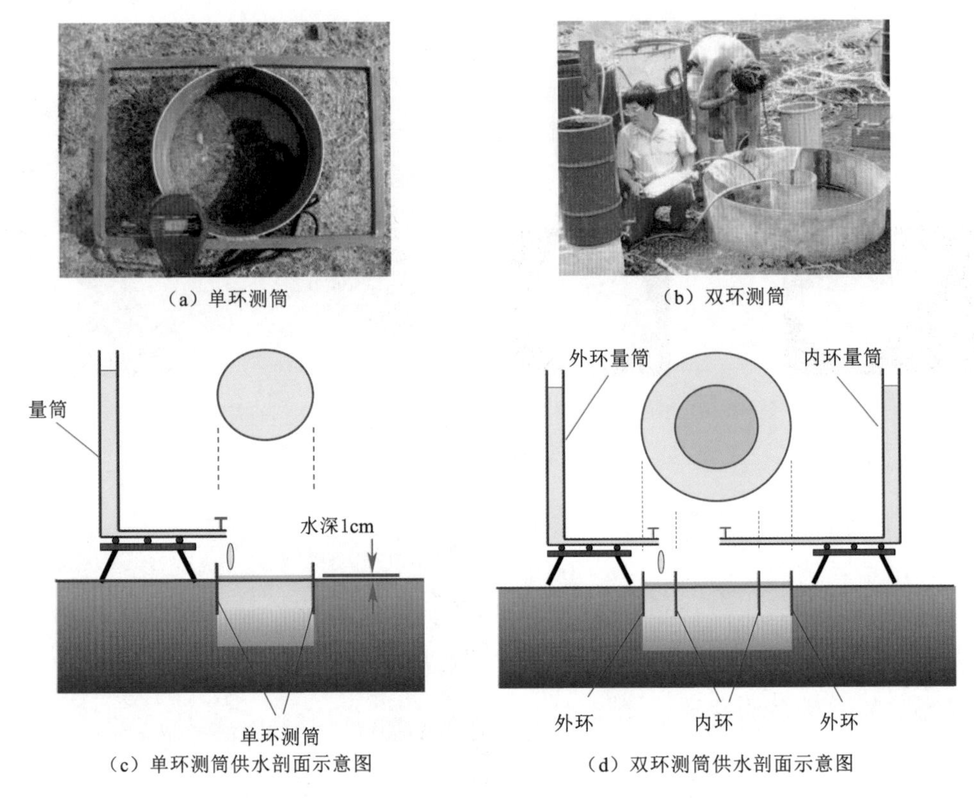

（a）单环测筒　（b）双环测筒

（c）单环测筒供水剖面示意图　（d）双环测筒供水剖面示意图

图5.11　使用单环测筒或双环测筒测定土壤水分入渗

察水流入渗后在土层中的移动状况。这类测定常在复垦地中出现（图5.12），原因是复垦地（如在露天矿土地复垦）经常出现土壤压实的问题。

5.2.3　非饱和土壤水分入渗量的测定

在喷灌（Sprinkler Irrigation）或滴灌（Drip or Trickle Irrigation）时，地面上很难见到积水，因此水进入土层往往是在非饱和状况下进行的。直接把淹水测试（Ponding Method）的结果用在喷灌或滴灌上是不恰当的。在20世纪五六十年代，常在小区中利用人工降雨模拟集水区的表面径流（Surface Runoff），然后再用降雨量与径流量之差求算出小区的水分入渗量。

利用人工降雨方式来测量土壤水分入渗量有特殊的价值，特别是在土壤流失研究中是必需的，但若只是为了测定土壤水分入渗量，似乎付出的代价太高。原因是利用人工降雨测定，在整个过程中必须保证足够的水量和维持

(a) 安插过程

(b) 完成安插

(c) 实地入渗测定

图 5.12 单环测筒测定复垦地土壤水分入渗

稳定的降雨强度，对所需的技术和工具的要求都很高，过程非常耗时，并且很难满足多测点或重测的要求。

自 Clothier 等（1981）把张力入渗仪（Tension Infiltrometer）引入到土壤水分入渗测定之后，土壤水分入渗的测定方法可以说进入了一个新纪元。因张力入渗仪（Chong 等，1979，1983）仪器底部与土壤的接触面为一个多孔隙圆盘，故又称为“圆盘入渗仪”（Disc Infiltrometer）。张力入渗仪整体设计简单，图 5.13 为张力入渗仪剖面图，图 5.14 为 AIM 张力入渗仪。张力入渗仪的设计重点在于多孔隙玻璃纤维板和引导空气进入系统的小毛细管。多孔隙透水盘一般用多孔纤维材料、有机玻璃或不锈钢多孔隙板制成；而小毛细管主要引导空气进入系统，是气压（负压）调节器。由于张力入渗仪以低负压在田间操作，所以其测定过程所需的水量不多，并且携带方便，颇受欢迎。

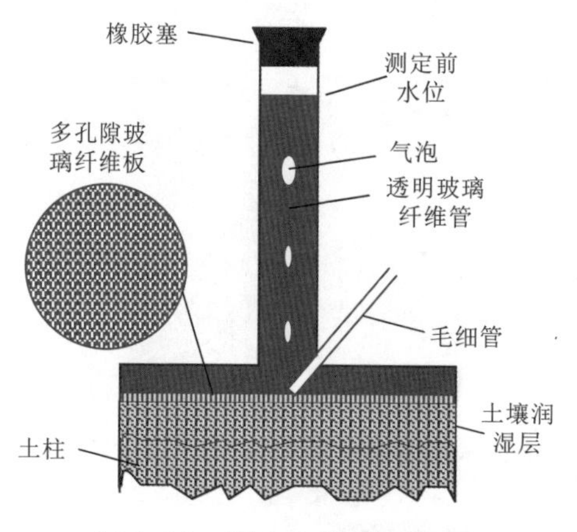

图 5.13　张力入渗仪剖面图

图 5.14　AIM 张力入渗仪

在田间利用张力入渗仪测定土壤水分入渗量或导水系数时，为了使多孔隙透水盘和土壤有良好的接触，在安装过程往往会破坏地表的原状态，这是此方法的最大缺点。

5.3　土壤水分入渗方程式

曾出现许多简单数学方程来模拟土壤水分入渗（Ravi 等，1998），本书仅介绍四个常被用来描述土壤水分入渗量的方程式，前两个为经验方程式，后两个是以物理学理论为基础（Physically Based）推导出来的方程式。

5.3.1　经验方程式

1. Kostiakov（1932）入渗方程

在常用的土壤水分入渗量的经验方程式中，首推由 Lewis（1937）提出的幂函数方程，即后来的 Kostiakov（1932）入渗方程（详细讨论可参考 Swartzendruber，1993）。

$$I = kt^{a} \tag{5.2}$$

式中：I 为累积入渗量；k 和 a 为经验参数（Empirical Parameter），其中 a 值通常小于 1。

将式（5.2）对时间微分可得

$$i=\frac{\mathrm{d}I}{\mathrm{d}t}=akt^{a-1} \tag{5.3}$$

式中：i 为入渗率。

因为 a 值通常小于 1，因此 $a-1$ 为负值。当 t 趋近于无限大（即 $t\to\infty$）时，i 就变为 0，这与事实不符，因为土壤的水分入渗不应该完全停止。为了符合实际情况，在式（5.3）的右边加多一项 i_s，即土壤水分稳定入渗率。

$$i=\frac{\mathrm{d}I}{\mathrm{d}t}=akt^{a-1}+i_s \tag{5.4}$$

2. Horton（1940）入渗方程

在模拟集水区地表径流（Surface Runoff）时，Horton（1940）入渗方程常被用来估算集水区的水分入量。

$$I=i_s t+\frac{i_o-i_s}{k}(1-\mathrm{e}^{-kt}) \tag{5.5}$$

式中：i_o为初始入渗率，cm/s；i_s 为稳定入渗率，cm/s；k 为经验常数；t 为时间，s。

式（5.5）的斜率（对时间微分）即土壤的入渗率 i，为

$$i=i_s+(i_o-i_s)\mathrm{e}^{-kt} \tag{5.6}$$

5.3.2 理论方程式

在应用上，以理论基础所导出的入渗方程以 Green-Ampt 入渗方程（Green 等，1911）和 Philip 二项入渗方程（Philip，1957）最为广泛。

1. Green-Ampt 入渗方程

假设在一均匀的土壤中，用单环测筒来测定土壤水分入渗量。在灌水之前，土层的初始含水量假设为 θ_i，一旦水入土之后，土壤中的水分含量达到饱和（θ_s）。促使水在土中移动的势能包括了重力势能（h_o+L_f）和在润湿锋（Wetting Front）前的基势能 h_f（此势能应为负值）。如图 5.15 所示，土壤中水的总入渗量 I 应为

$$I=(\theta_s-\theta_i)L_f \tag{5.7}$$

而其入渗率 i 则为

$$i=\frac{\mathrm{d}I}{\mathrm{d}t}=(\theta_s-\theta_i)\frac{\mathrm{d}L_f}{\mathrm{d}t} \tag{5.8}$$

在图 5.15 中，水的入渗率亦可用达西法则来计算，即

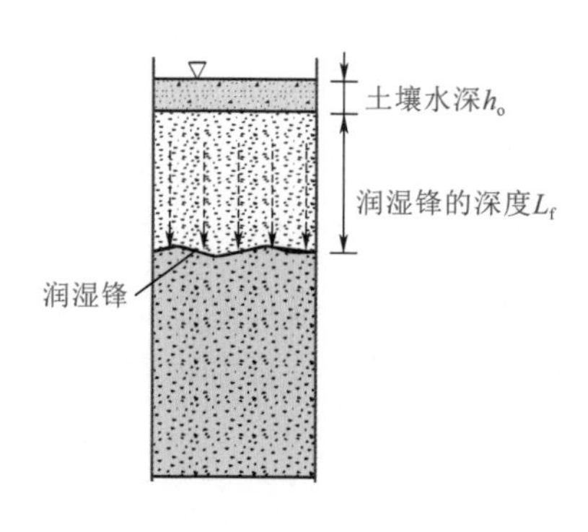

图 5.15　均匀土壤水分入渗示意图

$$i=\frac{\mathrm{d}I}{\mathrm{d}t}=K_{sat}\frac{h_o+L_f-h_f}{L_f} \tag{5.9}$$

式中：K_{sat} 为饱和导水系数，cm/s。

因为式（5.8）和式（5.9）都是土壤水分入渗率，因此两式的右边应该相等，即

$$(\theta_s-\theta_i)\frac{\mathrm{d}L_f}{\mathrm{d}t}=K_{sat}\frac{h_o+L_f-h_f}{L_f} \tag{5.10}$$

将式（5.10）重新组合后，等式的左右两边分别对时间和入渗深度积分：

$$\frac{K_{sat}}{\theta_s-\theta_i}\int \mathrm{d}t=\int\frac{L_f}{(h_o-h_f)+L_f}\mathrm{d}L_f$$

可得结果如下：

$$\frac{K_{sat}t}{\theta_s-\theta_i}=(h_o-h_f)+L_f-(h_o-h_f)\ln(h_o-h_f+L_f)+C \tag{5.11}$$

式中：C 为积分常数。

从图 5.15 中可以看出式（5.11）的边界条件，即当 $t=0$ 时，土壤润湿锋的深度 $L_f=0$（在地表）。

将 $t=0$，$L_f=0$ 代入式（5.11），可得

$$C=-(h_o-h_f)+(h_o-h_f)\ln(h_o-h_f)$$

将 C 值代入式（5.11）中，得

$$K_{sat}t=(\theta_s-\theta_i)\left[L_f-(h_o-h_f)\ln\left(1+\frac{L_f}{h_o-h_f}\right)\right] \tag{5.12}$$

式中：θ_s及 θ_i分别为饱和初始土壤水分含量，cm^3/cm^3；h_o为土壤水深，cm；L_f 为润湿锋的深度，cm；h_f 为湿润锋前的基势能，cm。

式（5.12）即 Green-Ampt 入渗方程。

2. Philip 二项入渗方程

Philip 二项入渗方程是在理查兹方程（Richards Equation）的基础上，利用理论和经验导出，在第 4 章中已经详述，在此不再重复。Philip 二项入渗方程为

$$I=St^{1/2}+At \tag{5.13}$$

式中：I 为累积入渗量，cm；S 为吸渗率（Sorptivity），cm/s$^{1/2}$；t 为时间，s；A 为常数。

吸渗率由 Philip 在 1957 年提出，是指土壤在不受重力影响下对水的吸收能力。

5.4 土壤吸渗率的测定及其应用

Talsma（1969）认为在水分入渗过程的早期（1～2min），Philip 二项入渗方程中的第一项足以阐释累积入渗量。换言之，式（5.13）中的第二项可以略去，即

$$I = St^{1/2} \tag{5.14}$$

式（5.14）也说明水的早期累积入渗量 I 和 $t^{1/2}$ 之间是成直线关系的，如图 5.16 所示。Talsma 利用这个关系在田间直接测定土壤的吸渗率。

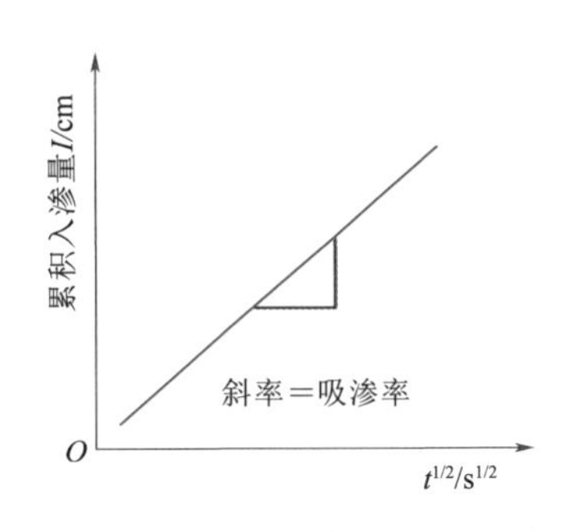

图 5.16 累积入渗量与时间的平方根（$t^{1/2}$）关系图

5.4.1 田间土壤吸渗率的测定

不论在室内或田间，测定土壤吸渗率的方法都很多，在相关文献中多有记载（Talsma，1969；Clothier 等，1981；Chong 等，1983；White 等，1987，1989），本章主要介绍在田间直接测定土壤吸渗率的方法。

在田间直接测定土壤吸渗率的方法有两种。第一种方法是用单环测筒直接测定，只是测定时间很短，一般不会超过 2～3min；另一种方法是用张力入渗仪（Tension Infiltrometer）来测定（见第 5.2.3 节）。

用单环测筒测定土壤吸渗率，虽然常被视为一种粗略且陈旧的方法，但此法非常经济简便，且弹性大，容易操作，特别适合大面积、多点测定。此外，单环测筒与张力入渗仪相比较，前者所涵盖的面积大，而且对土壤表面的扰动相对较小，不会出现张力入渗仪底盘和土壤无法结合的情形。

土壤吸渗率是指不受重力影响的毛细管水移动。但用单环测筒测出来的结果会受重力影响，因此实际上与理论是相悖的。所以为了降低重力的影

响，降低误差，测定时所用的水头应尽量缩小。根据 Talsma（1969）的经验，利用测筒所测出的 S 值稍为偏高，但可做一定的调整。

在田间进行测定的时候，根据经验，理想的单环测筒筒高和直径为 20～25cm。开始测量前，应尽量把地面上的枯枝和残叶移去，但在清理的过程中，必须避免扰动土壤表面原状。若测点上有野草或其他作物时，不可直接连根拔除，应细心修剪至与地面等高，以免破坏土壤表面结构。

安插测筒时，可将木条架在测筒上，如图 5.17（a）所示；再用槌子轻敲木条使测筒插入土中（约 5cm 深），如图 5.17（b）所示；然后再将沿着测筒内外两侧的土壤稍加压实，压实面积应尽量小。压实的目的是防止所灌的水沿着筒边流失。并且，在筒内安插一支小针头［图 5.17（c）］，并让此针头露出土面 1cm，作为控制水位的指标点。测筒内必须铺上一层很薄的塑料布，只铺盖测筒一部分［图 5.17（d）］。灌水时必须迅速地把水倒在塑料布上［图 5.17（e）］，再让水顺着塑料布漫出以防止地表泥沙被水冲散。当水达至针头顶端时，入渗时间设为 0（即 $t=0$），期间不可移动塑料布［图 5.17（f）］，且要保持筒内的水位在针头顶端的位置。当水位因入渗降低时，可用量筒中的水补足，并记录加水时间和所加水量。在整个测定过程中，从 $t=0$～90s，至少要有 5～7 个读数，如此持续 90～120s，根据所记录的水量和时间，便可算出累积入渗量，再利用回归法则（Regression Rule）直接算

（a）测筒上架木条　（b）测筒插入土中约5cm深　（c）测筒内安插小针头

（d）测筒内铺塑料布（只盖一部分）　（e）迅速灌水至针顶　（f）测定时不可移动塑料布

图 5.17　用单环测筒在田间直接测定土壤吸渗率

出吸渗率。

图 5.18 是利用单环测筒在田间测定土壤入渗的结果。入渗测定时间共 133s，依式（5.14）的回归计算，壤土的吸渗率为 $0.084cm/s^{1/2}$。

壤土		
t /s	I /cm	$t^{1/2}$ /$s^{1/2}$
5	0.14	2.2
10	0.23	3.2
17	0.33	4.1
23	0.38	4.8
32	0.45	5.7
43	0.53	6.6
56	0.61	7.5
84	0.74	9.2
103	0.82	10.1
133	0.93	11.5

（a）实测数据

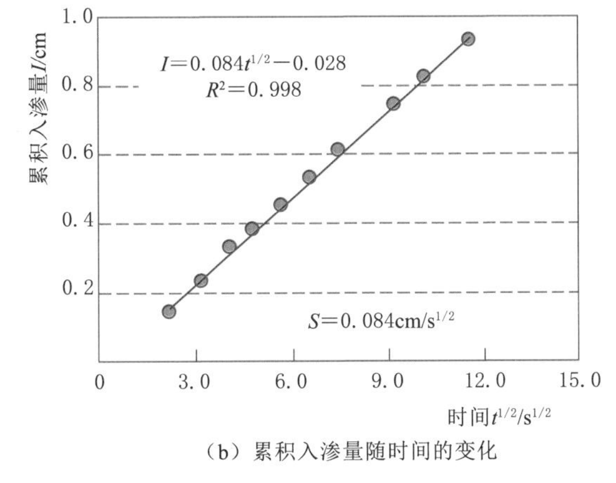

（b）累积入渗量随时间的变化

图 5.18 利用单环测筒在固定 1cm 水头下测定土壤的吸渗率

5.4.2 集水区对降雨的反应

在讨论土壤吸渗率在水文上的应用之前，先了解一下降雨、水分入渗及地表径流之间的关系（Rainfall-Infiltration-Runoff Relationship；Hjelmfelt 等，1975；Mein 等，1973）。

图 5.19 为地表水文（Surface Hydrology）中常用来说明一般集水区在理想条件下对降雨反应的一个示意图。图 5.19（a）为降雨强度分布和土壤水分入渗曲线（Hyetograph and Infiltration Curve），凡在入渗曲线以下的降雨是可以被土壤吸收的，在该曲线以上的降雨即地表径流。图 5.19（b）则是集水区河渠出口的基流量（Base Flow）以及因降雨所产生的地表径流在河中的反应，即水位或流量曲线（Hydrograph）。

在图 5.19（a）中，降雨曲线和土壤水分入渗率的相交点表示水分入渗量和降雨强度相等。如果降雨持续，地表开始积水，此时即初始径流时间（Incipient Ponding Time）t_p。初始径流时间在地表水文是一个极为重要的指数，在相同的降雨强度下，t_p会随着土壤的性质或土地利用的不同而改变。

如图 5.20 所示，砂土、壤土及黏土的初始径流时间是有差异的，一般

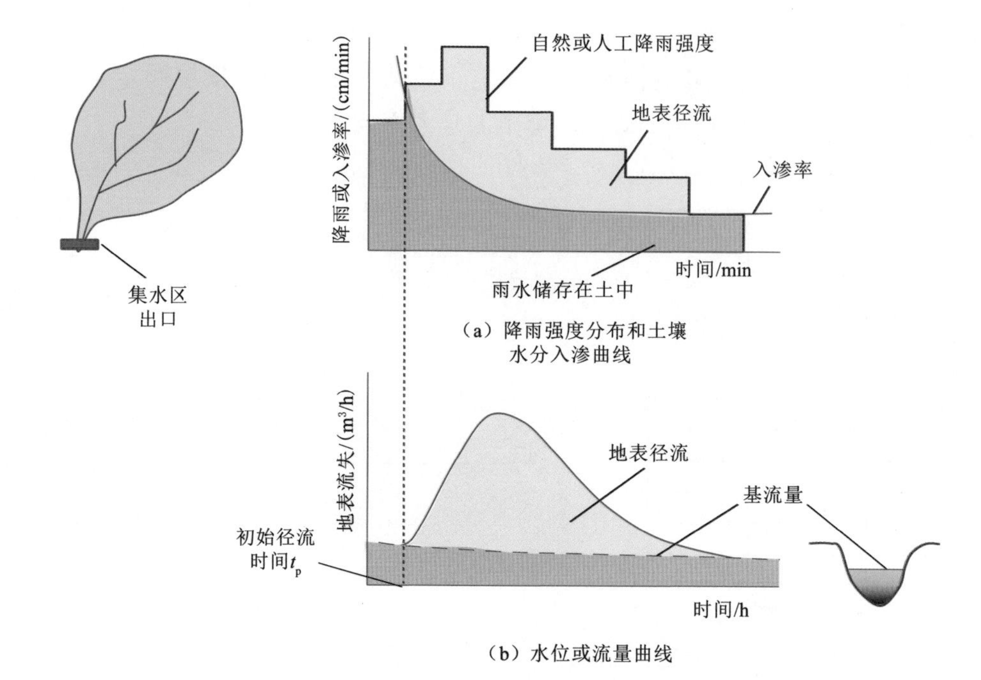

图 5.19　理想条件下集水区对降雨反应的示意图

而言往往是 $t_{p(砂土)} > t_{p(壤土)} > t_{p(黏土)}$。造成的差异主要与土壤的入渗能力有关，$t_p$ 数值越大，表明地表产生径流的时间就越长，土壤的冲蚀潜能就越低。因此，t_p 可以作为集水区地表径流和土壤冲蚀潜能的一个指标。

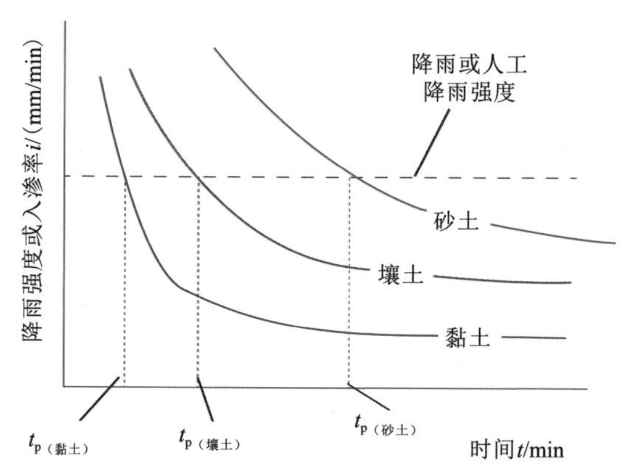

图 5.20　不同质地土壤的入渗率
与地表径流时间的关系

实际上，集水区的反应不仅和降雨强度或入渗率 i 的大小有关，还被其他土壤物理性质所牵制。现在以田间持水量 FC 为例，用以下四种不同的情形来说明一般集水区可能出现的反应。

（1）当土壤水分入渗率大于降雨强度（$i>R$）时，是否对集水区表面径流以及河中水流产生影响？

很显然，在这种情况下地表不可能产生表面径流（图 5.21）。当降雨时间不长，雨水的总入渗量 I 小于田间持水量 FC（即 $I<FC$）时，也不会使河中的水流产生任何改变。

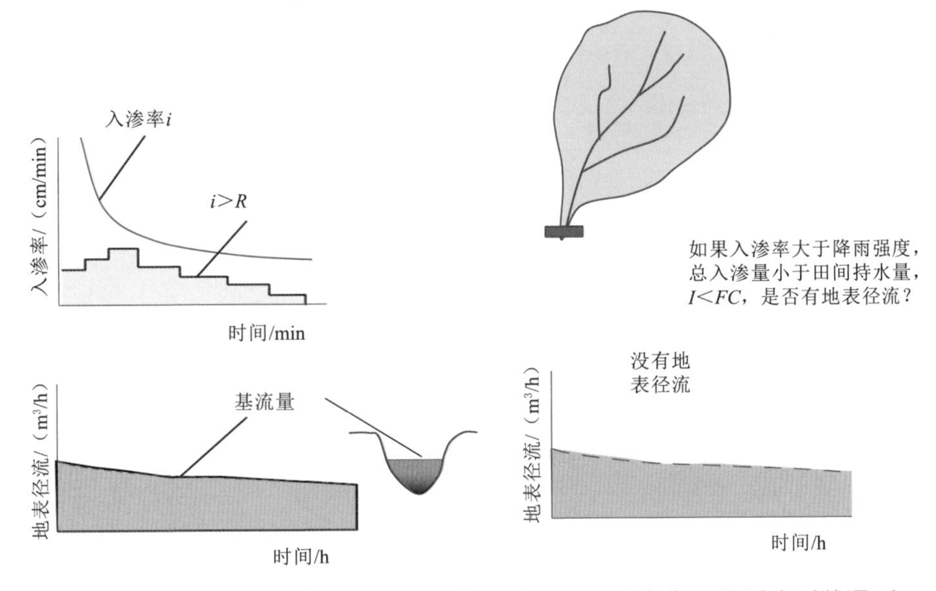

图 5.21　土壤水分入渗率大于降雨强度（$i>R$）时的集水区反应（状况 1）

（2）当土壤水分入渗率大于降雨强度（$i>R$），但降雨时间很长时，雨水的总入渗量大于田间持水量，即 $I>FC$，此时土壤中高于田间持水量部分的水因受重力影响，转为重力水而移动，最终渗入河中。因此，这种情况只可能增加河流的基流量（图 5.22）。

（3）在夏季，常会出现大雨，其降雨强度远大于土壤水分入渗率（$i<R$），但降雨时间不长，雨水的总入渗量小于田间持水量。在这种情况下，地表会产生径流，但雨水的总入渗量小于田间持水量（$I<FC$），那表土因降雨所增加的水分则受毛细管作用滞留在土层，因此不会对河中的基流产生影响（图 5.23）。

（4）当土壤入渗率小于降雨强度（$i<R$），而降雨时间又长，雨水的总

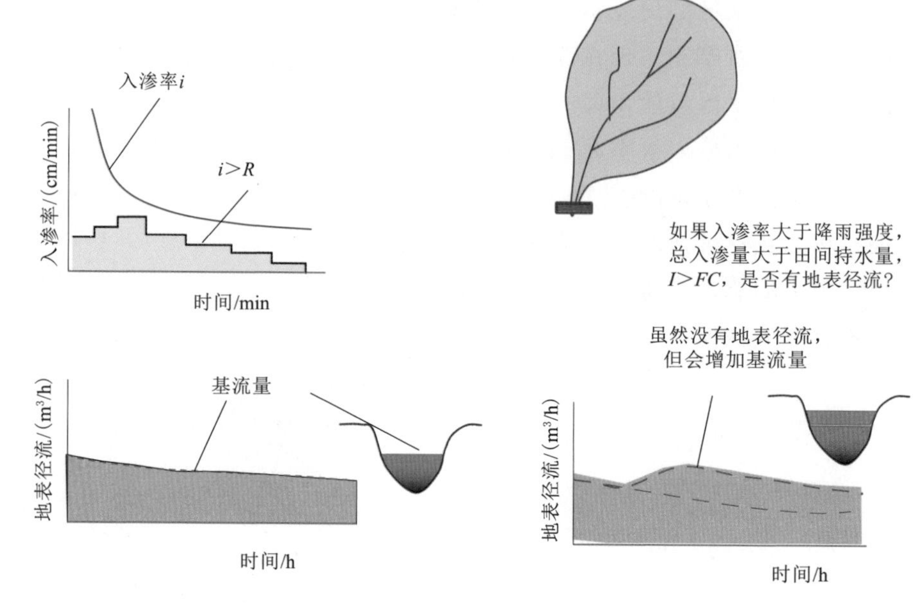

图 5.22　土壤水分入渗率大于降雨强度（$i>R$），但雨水的总入渗量大于田间持水量时的集水区反应（状况 2）

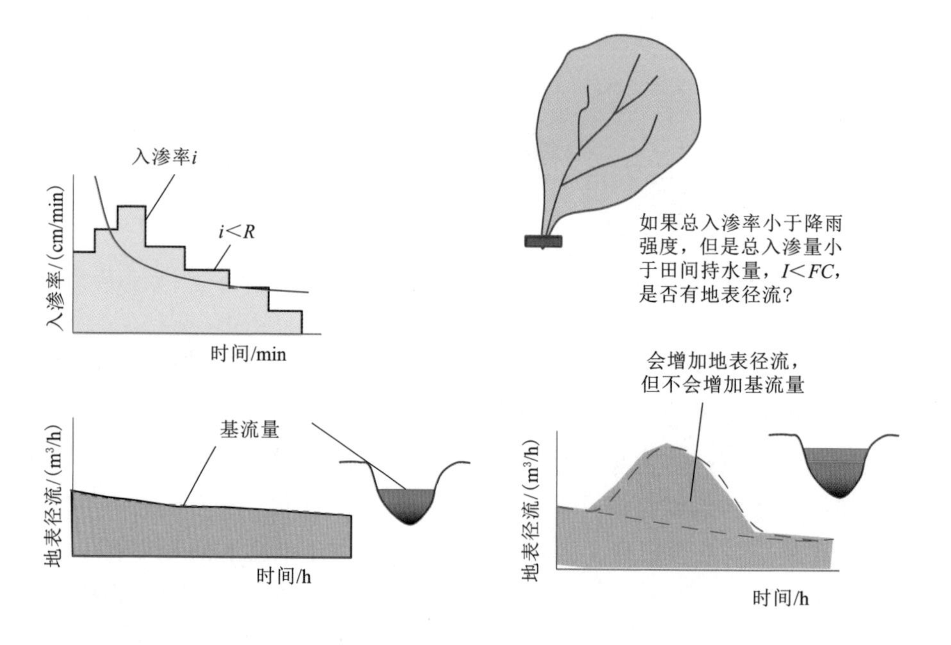

图 5.23　土壤水分入渗率小于降雨强度（$i<R$），但雨水的总入渗量小于田间持水量时的集水区反应（状况 3）

入渗量大于田间持水量（$I>FC$）时，土壤入渗的水量不仅受毛细管影响，也受重力影响，此重力水最后也会渗入河中增加基流。因此状况 4 不单有地表径流发生，还会增加河中的基流量（图 5.24）。

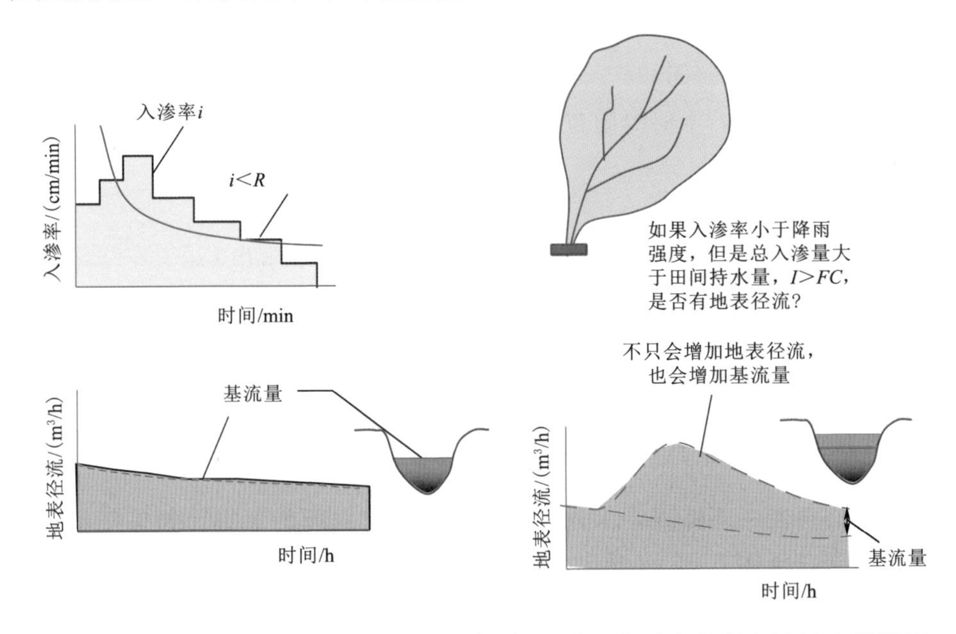

图 5.24 土壤水分入渗率小于降雨强度（$i<R$），但雨水的总入渗量大于田间持水量时的集水区反应（状况 4）

5.4.3 土壤吸渗率在地表水文中的应用

土壤吸渗率不仅用来计算土壤其他水文性质，例如土壤的导水系数（Clothier 等，1981；Perroux 等，1988；White 等，1989），早年也用来探讨土壤压实问题（Walker 等，1986，Chong 等，1986；Gardner 等，1989），甚至尝试与 USDA 径流曲线数指数（USDA Runoff Curve Number；USDA SCS，1985；USDA，1986；Chong 等，1986）挂钩。如前所述，在集水区因降雨所产生的可能反应中，初始径流时间 t_p 可以作为集水区地表径流和土壤冲蚀的一个指标。估算定点径流的初始时间，在许多文献上都有讨论（Mein 等，1973；Kutilek，1980），在此以集水区的状况 4 为例，在固定降雨强度下，利用 Horton 入渗方程、Green-Ampt 入渗方程及 Philip 二项入渗方程三个不同的入渗方程式分别求算出它们的初始径流时间。

1. Horton 入渗方程

根据 Horton 入渗方程，土壤入渗率为

$$i=i_s+(i_o-i_s)e^{-kt} \tag{5.15}$$

式中：i 为入渗率，cm/s；i_o 为初始入渗率，cm/s；i_s 为稳定入渗率，cm/s；k 为经验常数；t 为时间，s 。

若在式（5.15）中对时间积分，可得累积入渗量 I：

$$I=i_st+\frac{i_o-i_s}{k}(1-e^{-kt}) \tag{5.16}$$

为了消除式（5.16）中的 t，必须从式（5.15）中求出 t：

$$t=\frac{1}{k}\ln\frac{i-i_s}{i_o-i_s} \tag{5.17}$$

现将式（5.17）代入式（5.16），累积入渗量可表示为

$$I=\frac{i_o-i}{k}-\frac{i_s}{k}\ln\frac{i-i_s}{i_o-i_s} \tag{5.18}$$

让我们再看一下降雨，水分入渗及地表径流之间的关系。如果降雨强度 R 固定不变，由图 5.25 可看出，从降雨开始到径流产生期间，土壤累积水分入渗量 I_p 应为

$$I_p=Rt_p \tag{5.19}$$

式中：t_p 为径流初始时间，如图 5.25 所示。

在径流开始时，$i=R$（即入渗率与降雨强度相等），此时式（5.19）可写成

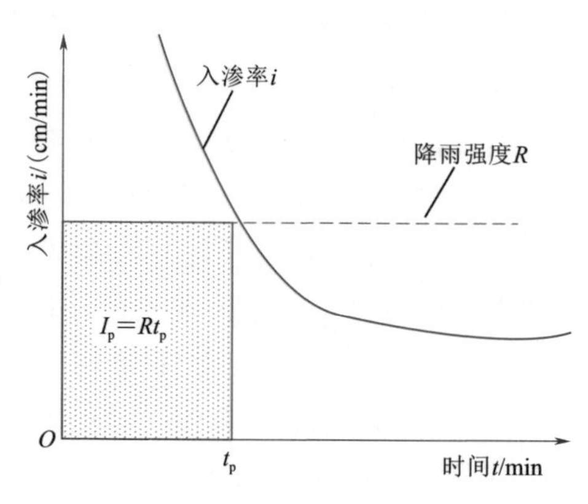

图 5.25　定点土壤入渗在固定降雨强度下的相关性

$$I_p=Rt_p=\frac{i_o-R}{k}-\frac{i_s}{k}\ln\frac{R-i_s}{i_o-i_s} \tag{5.20}$$

从式（5.20）可算出 Horton 方程的径流初始时间 t_p，为

$$t_p=\frac{i_o-R}{kR}-\frac{i_s}{kR}\ln\frac{R-i_s}{i_o-i_s} \tag{5.21}$$

2. Green-Ampt 入渗方程

均匀土壤的水分累积入渗量根据式（5.7）可表示为

$$I=(\theta_{sat}-\theta_i)L_f \tag{5.22}$$

按达西法则，如同式（5.9），土壤的水分入渗率亦可由下式表示：

$$i=\frac{dI}{dt}=K_{sat}\frac{h_o+L_f-h_f}{L_f} \tag{5.23}$$

为了容易理解，在以下推演中，暂时把式（5.23）中的湿润锋前的基势能 h_f 用绝对值来表示。假设地表供水水深很浅可以忽略不计，即 $h_o=0$，则式（5.23）可写成

$$i=K_{sat}\frac{L_f+|h_f|}{L_f}=K_{sat}\left(1+\frac{|h_f|}{L_f}\right) \tag{5.24}$$

若把式（5.22）代入式（5.24），得

$$i=K_{sat}\left(1+\frac{|h_f|}{L_f}\right)=K_{sat}\left[1+\frac{|h_f|(\theta_{sat}-\theta_i)}{I}\right] \tag{5.25}$$

则 I 可写成

$$I=\frac{|h_f|(\theta_{sat}-\theta_i)K_{sat}}{i-K_{sat}} \tag{5.26}$$

如图 5.25 所示，降雨时，当土壤开始产生表面径流，土壤的入渗率和降雨强度相等，即 $i=R$ 时，水分累积入渗量则为 $I=I_p$ 或 $I=Rt_p$，式（5.26）可以改写成

$$I_p=Rt_p=\frac{|h_f|(\theta_{sat}-\theta_i)K_{sat}}{R-K_{sat}}$$

最后产生表面径流的初始时间 t_p 为

$$t_p=\frac{|h_f|(\theta_{sat}-\theta_i)K_{sat}}{R(R-K_{sat})} \tag{5.27}$$

式（5.27）是利用 Green-Ampt 入渗方程导出来的土壤表面产生径流的初始时间。式（5.27）说明除了降雨强度之外，知道土壤含水量、导水系数及润湿锋前的基势能，就可估算出该定点的 t_p。

利用 Green-Ampt 入渗方程计算 t_p 看似简单，但难点是如何求得式中润湿锋前的基势能 h_f。润湿锋前的基势能与初始入渗水分含量有关，即 $h_f=h_f(q_i)$。相关文献上对 $h_f(q_i)$ 的估算方法很多，视初始水分含量而定。Rawls 等（1993）建议利用进气势能（Air Entry Potential）去估算，即

$$h_f=\frac{2b+3}{2b+6}|h_a| \tag{5.28}$$

土壤的质地也影响它的 h_f 值，表 5.1 是从 Clapp 等（1978）摘录出来的不同质地土壤的 $|h_a|$ 与 b 值。

表 5.1　　不同质地土壤 $|h_a|$ 与 b 值

土壤质地	土样个数	总孔隙率/(cm^3/cm^3)	饱和导水系数/(cm/min)	$\|h_a\|$/cm	b 值
砂土	13	0.395	1.0560	12.1	4.05
砂壤土	204	0.435	0.2080	21.8	4.90
粉壤土	384	0.485	2.0432	78.6	5.30
壤土	125	0.451	0.0417	47.8	5.39
砂黏壤土	80	0.420	0.0378	29.9	7.12
粉黏壤土	147	0.477	0.0102	35.6	7.75
黏壤土	262	0.476	0.0147	63.0	8.52
砂黏土	19	0.426	0.0130	15.3	10.40
粉黏土	441	0.492	0.0062	49.0	10.40
黏土	140	0.482	0.0070	40.5	11.50

3. Philip 二项入渗方程

Philip 二项入渗方程是在理查兹方程（Richards Equation）基础上导出的，在第 4 章中已经详述，在此不再重复。Philip 二项入渗方程为

$$I=St^{1/2}+At \tag{5.29}$$

式中：I 为累积入渗量，cm；S 为吸渗率，$cm/s^{1/2}$；t 为时间，s；A 为常数。

A 值与饱和导水系数 K_{sat} 相关。当 $t\to\infty$ 时，$A\to K_{sat}$。在以下的推演中，假设 $A=K_{sat}$，按 Philip 二项入渗方程，则土壤入渗率为

$$i=\frac{dI}{dt}=\frac{1}{2}St^{-1/2}+K_{sat} \tag{5.30}$$

为了消除式（5.29）中的 t，可利用式（5.30）算出 t：

$$t^{1/2}=\frac{S}{2(i-K_{sat})} \tag{5.31}$$

将式（5.31）代入式（5.29）可得

$$I = S\frac{S}{2(i-K_{sat})} + K_{sat}\left[\frac{S}{2(i-K_{sat})}\right]^2 \tag{5.32}$$

式（5.32）可以再利用二项代数式解法 $ax^2+bx+c=0$ 简化，即

$$x = \frac{-b \pm \sqrt{b^2-4ac}}{2a}$$

把 $\frac{S}{2(i-A)}$ 代入可得

$$\frac{S}{i-K_{sat}} = \frac{-S+\sqrt{S^2+4K_{sat}I}}{K_{sat}} \tag{5.33}$$

由式（5.33）可求出

$$\begin{cases} i = \dfrac{K_{sat}S}{-S+\sqrt{S^2+4K_{sat}I}} + K_{sat} \\ I = \dfrac{S^2\left(i-\dfrac{K_{sat}}{2}\right)}{2(i-K_{sat})^2} \end{cases} \tag{5.34}$$

在地表开始产生径流时，$I=I_p=Rt_p$，因此，式（5.34）可以改写成

$$t_p = \frac{S^2\left(R-\dfrac{K_{sat}}{2}\right)}{2R(R-K_{sat})^2} \tag{5.35}$$

利用三个不同的入渗方程导出的地表初始径流时间 t_p 用的参数不同。一般而言，利用 Horton 入渗方程或 Green-Ampt 入渗方程求 t_p 并不方便。因为上述两种方法所含的参数不容易测得，而 Philip 二项入渗方程最为简单直接，特别是式中的吸渗率可以在实地直接利用单环测筒测得。

在一般的降雨情况下，其强度应该不大，就和集水区反应中的状况 1 和状况 2（图 5.20 和图 5.21）一样，由于降雨强度低，地表初始径流时间和土壤冲蚀潜能不足讨论。一旦集水区反应达到状况 3 和状况 4（图 5.22 和图 5.23），很多时候 $R >> K_{sat}$，式（5.39）中的 t_p 可写成

$$t_p = \frac{1}{2}\left(\frac{S}{R}\right)^2 \tag{5.36}$$

为了提高学生对土壤物理学的兴趣，通常在课程中会安排 3～4 个田间试验，让学生能有亲身体验、实地操作的机会。

图 5.26 的吸渗率由学生利用单环测筒从一玉米田中测得，整个试验共

有 64 个测点，在每个测点除了测定吸渗率之外，也收集根系层深度、表土实度和土壤含水量等基本资料。

图 5.26（a）为吸渗率在该田区的空间变化。图 5.26（b）是利用式（5.40），以 38mm/h 的降雨强度算出来的地表初始径流时间。此试验区选在玉米田边，地形虽算平坦，但结果显示，试验区东南边的初始径流时间远比西北田区短。出现这种现象是因为在此试验区东南边是耕耘机在耕作时的掉头回转地带，土壤压实比较严重。由于 t_p 值小，因此这一带发生地表径流概率大，表土流失问题就会比西北田区严重，特别是在强降雨时，地表水可能会由东南往西北方向流去。虽然试验很简单，但它不仅提供了在灌溉时所需要的一些基本资讯，也为学生提供了一些思考空间。

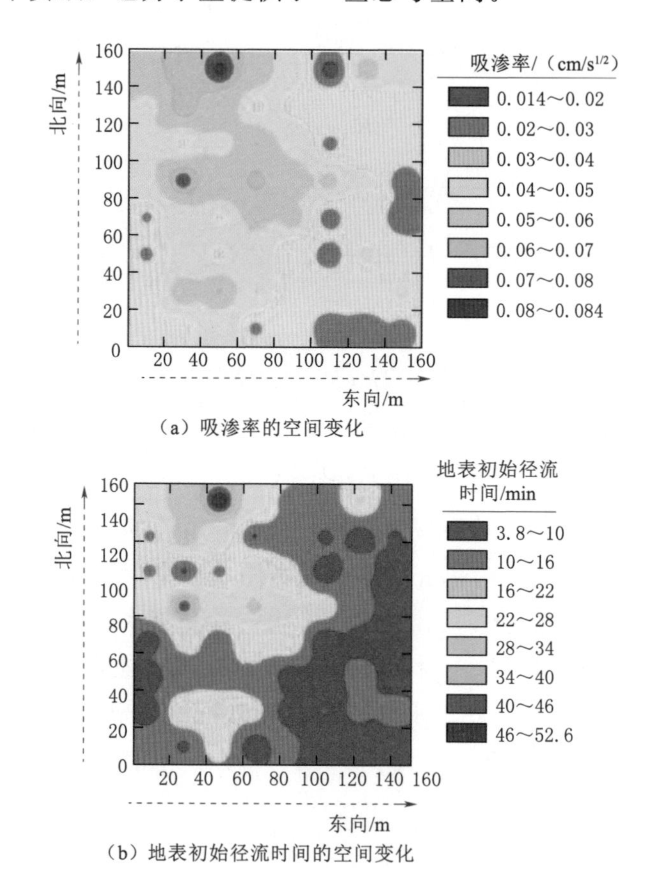

（a）吸渗率的空间变化

（b）地表初始径流时间的空间变化

图 5.26　吸渗率和地表初始径流时间的空间变化
（孙标教授协助绘制）

参 考 文 献

BRADY N C, WEIL R R, 2008. Elements of the nature and properties of soils [M]. New Jersey: Pearson Prentice Hall.

CHONG S K, BECKER M A, MOORE S M, et al., 1986. Characterization of mined land with and without topsoil [J]. Journal of Environmental Quality, 15 (2): 157 - 160.

CHONG S K, COWSERT P, 1997. Infiltration in reclaimed mined land ameliorated with deep tillage treatments [J]. Soil & Tillage Research, 44 (3): 255 - 264.

CHONG S K, GREEN R E, 1979. Application of field-measured sorptivity for simplified infiltration prediction [C] //Proceedings of the Hydrologic Transport Modeling Symposium. Chicago, Illinois: ASAE Publication: 4 - 80, 88 - 96.

CHONG S K, GREEN R E, 1983. Sorptivity measurement and its application [C] //Proceedings of the National Conference on Advances in Infiltration Chicago, Illinois: ASAE Publication: 8 - 11, 82 - 91.

CHONG S K, TENG T M, 1986. Relationship between the runoff curve number and hydrologic soil properties [J]. Journal of Hydrology, 84: 1 - 7.

CLAPP R B, HORNBERGER G M, 1978. Empirical equations for some soil hydraulic properties [J]. Water Resources Research, 14: 601 - 604.

CLOTHIER B E, WHITE I, 1981. Measurement of sorptivity and soil water diffusivity in the Field [J]. Soil Science Society of America Journal, 45: 241 - 245.

GARDNER B D, CHONG S K, 1989. Hydrologic response of compacted forest soils [J]. Journal of Hydrology, 112: 327 - 334.

GREEN W H, AMPT G A, 1911. Studies on soil physics. Pt. 1: The flow of air and water through soils [J]. The Journal of Agricultural Science, 4: 1 - 24.

HJELMFELT A T, CASSIDY J J, 1975. Hydrology for engineers and planners [M]. Ames: Iowa State University Press.

HORTON R E, 1940. An approach toward a physical interpretation of infiltration capacity [J]. Soil Science Society of America Journal, 5: 399 - 417.

JOHNSON A I, 1963. A field method for measurement of infiltration [R]. Washington: U S Department of Interior Manuel Lujan Jr, Geological Survey Water-Supply Paper.

KOSTIAKOV A N, 1932. On the dynamics of the coefficient of water-percolation in soils and on the necessity of studying it from a dynamic point of view for purposes of amelioration [R]. Trans. 6th Comm. Int. Soc. Soil. Russian, 17 - 21.

KUTILEK M, 1980. Constant-rainfall infiltration [J]. Journal of Hydrology, 45: 289 - 303.

LEWIS M R, 1937. The rate of infiltration of water in irrigation-practice [J]. Eos, Transactions American Geophysical Union, 18: 361 - 368.

MEIN R G, LARSON C L, 1973. Modeling infiltration during a steady rain [J]. Water Resources Research, 9: 384 - 394.

PERROUX K M, WHITE I, 1988. Design for disc permeameters [J]. Soil Science Society of

America Journal, 52: 1205 - 1215.

PHILIP J R, 1957. The theory of infiltration, 4: Sorptivity and algebraic infiltration equations [J]. Soil Science, 84: 257 - 264.

RAVI V, WILLIAMS J R, 1998. Estimation of infiltration rate in the vadose zone: Compilation of simple mathematical models [R]. Oklahoma: Subsurface Protection and Remediation Division National Risk Management Laboratory.

RAWLS. W J, BRAKENSIEK D, LOGSDON S, 1993. Predicting saturated hydraulic conductivity utilizing fractal prinaples [J]. Soil Science Society of America Journal, 57 (5): 1193 - 1197.

SWARTZENDRUBER D, 1993. Revised attribute of the power form infiltration equation [J]. Water Resources Research, 29: 2455 - 2456.

TALSMA T, 1969. In situ measurement of sorptivity [J]. Australian Journal of Soil Research, 7 (3): 269 - 276.

USDA-Soil Conservation Service (USDA SCS), 1985. National Engineering Handbook: Section 4 Hydrology [M]. Washington DC: USDA.

United States Department of Agriculture, 1986. Urban hydrology for small watersheds: Technical Release 55 (TR - 55) [M]. 2nd ed. Natural Resources Conservation Service, Conservation Engineering Division.

WALKER J, CHONG S K, 1986. Characterization of compacted soil using sorptivity measurements [J]. Soil Science Society of American Journal, 50: 288 - 291.

WHITE I, PERROUX K M, 1987. Use of sorptivity to determine field soil hydraulic properties1 [J]. Soil Science Society of America Journal, 51: 1093 - 1101

WHITE I, PERROUX K M, 1989. Estimation of unsaturated hydraulic conductivity from field sorptivity measurements [J]. Soil Science Society of American Journal, 53: 324 - 329.

第6章 作物根圈的改良与沙漠整治

6.1 作物根圈的改良

当今农田面临最大的挑战莫过于表土的流失、土地污染和盐碱土的扩大以及农牧地沙漠化。不论何种原因造成，这些挑战均与水有着密切的关系，因此土壤的保育也可以说是水的保育，农田的保育应该是水土不分的（FAO，2015）。

不论是在大面积的传统农业，还是精致农业、休闲农业，包括园艺（Gardening）及庭艺（Yardening），以及现今盛行的高架床园艺（Raised-Bed Gardening）或钥匙孔园艺（Keyhole Gardening），甚至在植物工厂（Plant Factory）的推广中，最重要的仍是作物根圈质量的改善，目的是使作物根系在适宜的水、肥、气、热环境下有良好的发展，增加作物的生产能力和持续性以提高产品的质与量。

在传统认知中，作物长得不好是因为土壤中的肥力不够。为了使作物有所改善，首先想到的就是施肥。施肥原本是件正确的事，因为作物就是依靠土壤中的养分才能成长，但如今土壤中的养分被作物摄取后，仅有部分被作物自身利用，其他的都随着作物的采收一起离开土壤。根据报道（Heckman，2018），每年生长季因收割牧草，土壤中的氮、磷、钾养分的损失分别约为200kg、65kg、225kg，如此年复一年，若不把养分回补到土壤中，土地就会变得越来越贫瘠。

为了维护农田的生产力，施肥确实是能治一时之标，却无法长期治本。自从缓释肥料（Slow Release Fertilizer）和抗药作物（Herbicide Tolerant Crops）［如抗草甘膦大豆或玉米（Glyphosate Tolerant Corn or Soybean）］出现之后，化肥的使用更为普遍，而且用量也越来越大。长期使用或过量施撒化肥和农药，不但会酸化土壤，还会破坏土壤的结构。若从人的角度来看待施肥或农药，就有点像给土壤添加补品，打兴奋剂或止痛药。常言道，是药三分毒，至于未来是否会带来哪些意想不到或不可逆的副作用（如酸化土壤、伤害土壤微生物群），则不得而知。

总之，无论在哪种情况下，所施的化肥或农药，或多或少都会残留在泥土和作物中。或许所残留的数量仅仅是少量，但这让消费者不得不有所顾忌。因此，近年来有机食品的盛行不是没有理由的。

6.1.1　土壤质地的改良

治田不如育田（Conservation），要改善作物根圈中的水、肥、气、热来满足作物的需求，还是要从土壤本身着手。改善根系层最常见的莫过于改变其质地、结构，调节土壤的含水量和土壤的酸碱度。

在田间所遇到的根圈的物理性质，往往是两极化的现象：一种是没有土壤结构的砂土，砂粒相互间不结合，无法形成团粒，没有结构（Structure-less）（Brady 和 Weil，2008），保水能力差；另一种是压实度（Soil Compaction）过高的土壤，这种现象不只出现在黏土土壤，砂土含量高的土壤也会出现。从农田到草坪、公园、休闲娱乐区以及运动场，经常因一些活动或踩踏，就出现了压实度过高的问题，土壤被压实后不仅妨碍水和空气的流通，也妨碍作物根系的发展。

在小面积范围内改变土壤质地是可能的，最常见的莫过于高尔夫球场的果岭（Golf Green）和一些休闲或住所的草坪。健康的果岭或草坪，其草地结实不松软，且能抗压，最重要的是在大雨之后果岭或草坪能迅速排水。为了能达到上述要求，往往得把原土搬移，再从他处引进新的根系层，最常见的做法是在粗质砂土中混合泥炭苔藓（Peat Moss）来替代原土层，但这种做法需付出相当高的经济代价。

在大面积范围内改变土壤质地是不可能的，除非设法让砂粒能相互结合成为团粒，成为有结构的根系层。如何使砂粒相互结合，是改良作物根圈的一种新思路，也是很值得重视的想法。近年来，在相关文献上利用聚丙烯酰胺（Polyacrylamide，PAM）（Sojka 等，2007）及羧甲基纤维素钠（Carboxyl Methyl Cellulose，CMC）（吴军虎等，2015；易志坚，2016）等黏合剂试图增加砂粒间的结合力以加强土壤的保水能力。利用改良剂增强土壤结构以

改变土壤性质，是一种很有创意的思路，不论未来成果如何，都是一个很值得鼓励和挑战的研究方向。

6.1.2 土壤压实问题的改良

土壤在自然状态下就会产生压实的问题，如降水、气温的变化，土壤水分的湿胀干缩，以及植物根部间的相互挤压，都会压实土壤。当然，最显著的压实问题莫过于动物和人类活动。

6.1.2.1 农田压实问题的改良

通常，农田根系层土壤的理想容重为1.2～1.4g/cm^3。解决根系层压实问题最直接、最常见的方法是利用锄头、耙、犁等农具，把泥土硬块捣碎、松软之后再进行种植。如今农业机械化利用拖拉机装上各种不同松土设备，如手推耕耘机（Hand Push Cultivator）、圆盘耙（Disk Harrow）、深松凿子犁（Plough Deep Chiselplow）或者滚转式整地犁（Rouing Ground Plough）等，如图6.1所示，把农田耕犁松土之后，整地造型，再进行种植。

耕犁松土的确能增加土壤的大孔隙，并且能加速空气和水在土中的流

(a) 手推耕耘机

(b) 圆盘耙

(c) 深松凿子犁

(d) 滚转式整地犁

图6.1 农田中的犁和耙

动，提高作物的有效水分及养分（Chong 等，2001，2003，2005）。但耕犁过程也会产生土壤压实的问题，例如犁底层的产生就是一个典型的例子。犁底层是因为犁底压力所造成的，加上因降雨或灌溉水把上层微细土粒往下带，最后累积形成硬块，阻碍作物根系的发展。农田虽经耕犁松土，但由于雨水和其他农事活动，经过一段时间之后，压实问题又会回到耕犁前的状况。

为了延长及减少土壤压实问题的发生，除了耕犁之外，另一个办法是在松土后的压实土层中添加有机物质，或把作物秸秆（Straw）和残余回归土中，促进土壤团粒的形成，以及增加微生物在土中的活动。对于如何选择添加物来改善根圈环境，将在第6.1.3节中进一步详细说明。

6.1.2.2　草坪压实问题的改良

若想缓解草坪的压实问题，必须先保护草皮，利用农田耕犁法是行不通的。为了降低对草皮的扰动和伤害，通常是利用打洞机［图6.2（a）］在草地上打洞（深度不一，深者可达25～30cm，一般在10cm左右），抽出草坪中的土卷［图6.2（b）和（c）］，清除所抽出的土卷后［图6.2（d）］，再回填（Backfill）新的生根材料，完成土壤通气作业［图6.2（e）和（f）］。

6.1.3　土壤添加物的改良

通过添加物有效地改善根圈环境进而改良根系土层，是最常见的做法。在施行之前，必须详细了解目前土壤存在的问题，以及考虑利用何种添加物来进行改善，此外添加物的质量及其稳定性、添加量和施加方法，以及添加物与原来根系层土壤可能产生的反应，都要谨慎思考，因为添加物一旦加入就很难取出或改变，会产生二次污染。

6.1.3.1　累积层的形成（Layer Formation）

在一般的草坪，尤其是在建造高尔夫球场的果岭时，往往用砂土和泥炭苔藓（Peat Moss）混合均匀后作为生根材料（Rooting Material）。砂土和泥炭苔藓理应是一种非常好的组合，因为后者是有机物质，保水能力强，但是这种组合有一个最大的弱点是泥炭苔藓的pH值很低。

新建成的草坪，在最初的两三年表现得非常理想，但时间久了，草坪就开始出现排水不良或草根无法伸展的问题。造成的原因是草坪（特别是果岭）需大量水分来维护草的生长。但是湿土的温度往往比较低，再加上泥炭

（a）表土打洞机　（b）打洞机在草坪上操作
（c）打洞机抽出土卷　（d）清除土卷
（e）回填新的生根材料　（f）草坪土壤通气作业完成

图 6.2　草坪中解决压实问题和累积层常见的方法

苔藓属酸性（pH 值不大于 4.0），不易分解，其未经分解的微粒被灌溉水或雨水往土层下带，最终沉积在距地表 5～10cm 处，日积月累，便形成一层黑色的累积层（图 6.3），增加草根伸展阻力（参阅第 2 章 图 2.29）。这层黑色的累积层不但会阻碍水和空气的流通，使草坪根部缺乏氧气（Chong 等，2003，2005），而且因土层阻力增加，草根无法伸展。

图 6.4 为果岭根圈土壤含水量和二氧化碳含量的关系，图中的数据是在

图 6.3　高尔夫球场果岭添加泥炭苔藓（Peat Moss）在根系层中出现黑色的累积层

初夏早上 10 时之前在无施灌溉的情况下，从果岭 10cm 根系层中实地测得的（Chong 等，2004，2005）。图中说明果岭根圈因排水不畅，根系层中的二氧化碳含量随水分含量的增加而增加，这对草坪的根系发展是极为不利的。

至于果岭根系层材料中该加多少泥炭苔藓最为适合，这可从图 6.5 中找到答案。图 6.5（a）为由美国高尔夫球协会认可在砂土中的泥炭苔藓添加量

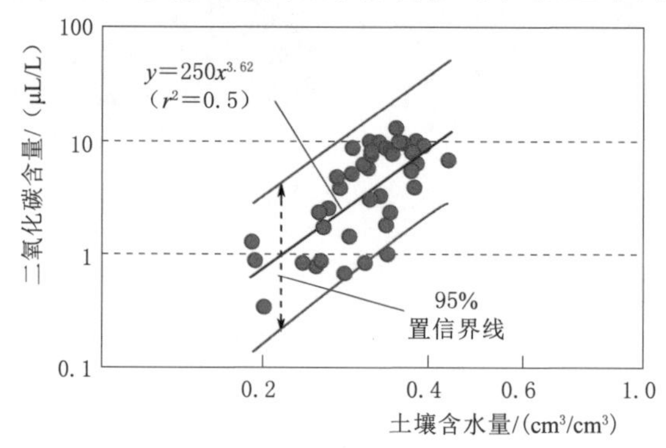

图 6.4　果岭根圈土壤含水量和二氧化碳含量的关系

从0～5%（重量比的添加量）所测出的水文特征曲线（Chong等，2004，2006）。从曲线中可看出泥炭苔藓添加量越多，土壤根系层生根材料的保水能力就越强，一般都会认为泥炭苔藓加得越多越好。实际上，泥炭苔藓加得越多，草坪就越不结实，弹性就越不佳，草坪的抗压性就越低，整体草坪就越不平整。

如图6.5（b）所示，泥炭苔藓添加量越多，土壤根系层生根材料中的大孔隙量（$d \geqslant 0.075$mm）就越少。大孔隙量越少，则对水和空气在土层中的流通就会产生越大的阻碍作用。

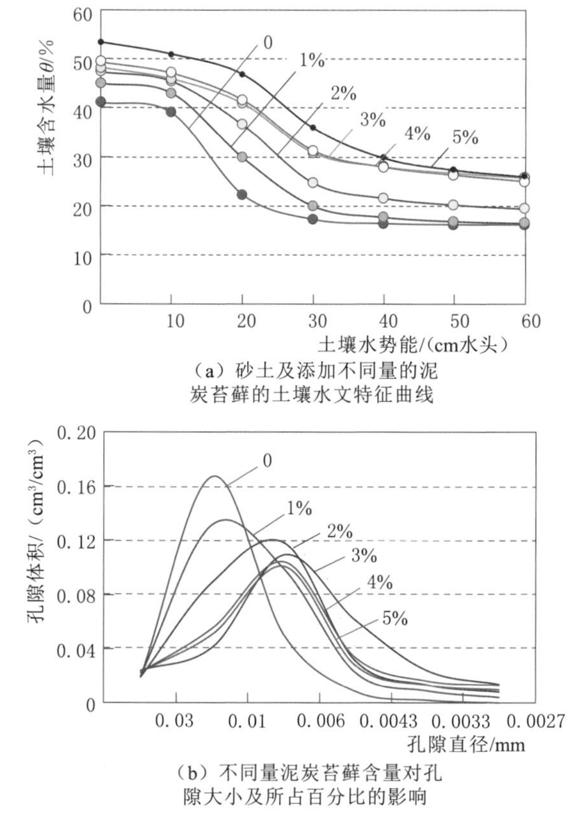

（a）砂土及添加不同量的泥炭苔藓的土壤水文特征曲线

（b）不同量泥炭苔藓含量对孔隙大小及所占百分比的影响

图6.5 砂土中添加不同量的泥炭苔藓的土壤水文特征曲线与孔隙分布

通过把土壤水势能控制在－4kPa的情况下，在不同泥炭苔藓含量的土壤中测得的饱和导水系数K(水）和导空气系数K(空气)，其结果如图6.6所示。由图6.6可知，当泥炭苔藓量增加到2%(重量比）以上时，K(水）和

K（空气）降至最低且变化不大。很明显，最佳的泥炭苔藓的添加量为不大于 2%（重量比）。

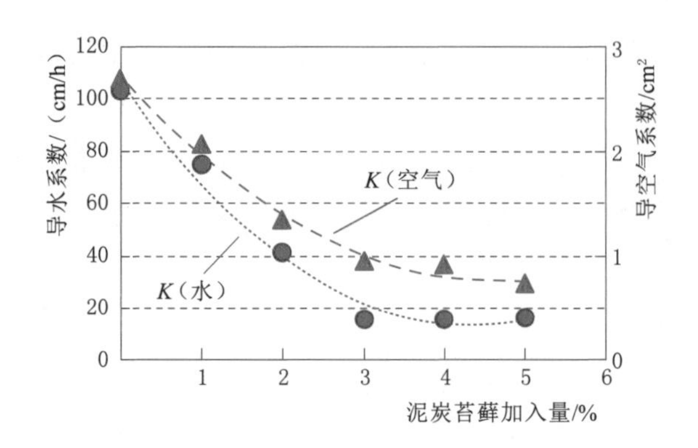

图 6.6　砂土中添加不同量的泥炭苔藓对导水系数及导气系数的影响

6.1.3.2　作物需求与土壤改良

前面的作物根圈改良都是基于生根材料来讨论的，但是对于农作物的生产，还需要考虑到作物的适应性，也就是土壤生态。图 6.7 和图 6.8 为在根圈层添加不等量的蚯蚓堆肥的情况下，西红柿植株的生长反应。

（a）室内不同添加物生态测定

（b）西红柿植珠对不同添加物用量的生态反应

图 6.7　温室中测定

图 6.7（b）中，0 代表没有加添蚯蚓堆肥和肥料；5%，…，80%（重量比）代表只加添蚯蚓堆肥；（0+F）代表没有加添蚯蚓堆肥和肥料，但施加一般正常推荐肥料量。结果显示蚯蚓堆肥量加得越多，植株长得越高，叶

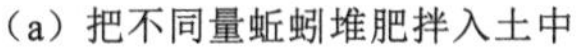

(a) 把不同量蚯蚓堆肥拌入土中

(b) 在不同量的蚯蚓堆肥下西红柿植珠的反应

图 6.8 田间试验

子也越茂盛，这是因为蚯蚓堆肥含有大量的氮肥，这点在田间试验中获得了证实。使用大量的蚯蚓堆肥可以使作物长出茂密的叶子，对叶类蔬菜是好的，但对西红柿植株则不然。因为如果西红柿植株的叶子过多，会使得株间的空气不流畅，受粉不易，还容易招病菌，虽然西红柿果实的质量不错，但其产量反而较低。

6.1.3.3 添加物对土壤的影响

一般选择添加物的时候都要从经济性，以及是否会产生二次污染及带来病虫害等方面进行考虑，以下是在选择添加物时必须注意的事项。

(1) 添加物的经济性。除了考虑添加物本身的成本之外，还必须考虑人工和运输费用，最好是能利用当地回收的资源，一方面可以帮助消化当地的废弃物，另一方面资源回收再利用符合环境保护的要求。

(2) 添加物的性质。除了必须保证质量均匀稳定、添加物的酸碱度（pH值)、重金属和其他可能存在的有毒物质的含量，以及物质的水溶性、化学和物理等特性之外，还必须注意添加物中是否存在一些野菇菌或微生物（图6.9)，如大肠杆菌（E. coli）等病毒，以及对蔬果作物有害的病虫，如火蚁、蜗牛和蛞蝓（鼻涕虫）等。

(3) 添加物与土壤混合后的反应。除了温度和酸碱度的变化外，还必须注意是否会出现对土壤产生诸如凝固或胶结（Cementing Effect）等反应。而且了解添加物的寿命（Longevity of the Amendment）也很重要。有些添加物只能维持一个生长季节，有些则可以维持数年。施加石灰，因它不容易溶解（看颗粒的粗细)，很多农田只需施加一次即可，就是一个典型的

（a）蛞蝓（鼻涕虫）

（b）多年草坪中出现野生蘑菇

（c）堆肥长出的菇菌

（d）草坪中出现深绿色的神仙环（Fairy Ring）是真菌所引起的

图6.9 选用不良的添加物可能带来的病虫害、杂草以及菇菌

例子。

6.1.4 添加物的种类和选择

土壤改良添加物种类繁多，大致上可分为有机添加物和无机添加物两大类。如图6.10所示，利用不同废弃物做堆肥，不仅可以帮助消化当地的废弃物，还可把它变成对环境有利的资源。

6.1.4.1 有机添加物（Organic Amendments）

（1）泥炭苔藓（Peat Moss）。

（2）蚯蚓堆肥（Earthworm Castings）。

（3）家庭堆肥（厨余、报纸及其他有机物，Food Wastes，Newspaper，Other Organic Matter）。

（4）家庭便粪、牛粪、马粪、猪粪、鸡粪等（Human and Animal Wastes）。

（a）利用牲畜粪便与庭园枯枝落叶及草屑混合制作堆肥

（b）利用餐厅厨余喂养蚯蚓制作堆肥

图 6.10 利用不同废弃物做堆肥

（5）庭院堆肥（Composted Yard Waste）。

（6）动物肥料（包括鱼、虾、贝壳、牛骨粉等）。

（7）城市污水堆肥（Municipal Biosolids Waste）。

（8）作物残茬、谷壳（Crop Residues，Rice Hull）等陈年锯屑（Aged Saw Dust）。

（9）树皮屑（Bark Products）。

（10）橄榄核（Olive Drupe）（Constantinou 等，1977）。

（11）生物炭（Bio-Char）。

6.1.4.2 无机添加物（Inorganic Amendments）

（1）煅烧土（Calcined Clay）。

（2）蛭石（Vermiculite）。

（3）珍珠石（Perlite）。

(4) 硅藻土 (Calcined Diatomite)。

(5) 沸石 (Zeolite)。

(6) 浮石 (Pumice)。

(7) 煤渣，煤灰 (Coal Combustion Residue)。

(8) 轮胎屑 (Crumb Rubber) (Chong 等，2001)。

(9) 聚丙烯酰胺黏合剂 (Polyacrylamide，PAM) (Sojka 等，2007)。

(10) 改性羧甲基纤维素钠黏合剂 (Modified Sodium Carboxymethyl Cellulose) (吴军虎等，2015；易志坚，2016)。

6.1.4.3　特别建议

对所选择的添加物的性质熟悉后，不妨先把添加物与水以 1∶1 的比例混合后测出瞬时的温度变化，验出溶液的酸碱反应，待水分完全消失后再检验添加物可能产生的副作用或结合成的新产物。虽然检验过程可能会繁杂费时，但可减少很多的疑虑和一些预想不到的困扰。

6.1.5　土壤酸碱性的管理

6.1.5.1　酸性土壤的管理

每种作物都有其习性，有些嗜水（如莲藕、水稻等），有些则旱湿皆宜（如空心菜和芋头等），当然大部分作物都只能在旱地环境中才能长得茁壮。对土壤中的酸碱度（pH 值），也是如此。

当 pH 值为 7.0 时，土壤为中性；当 pH 值大于 7.0 时，土壤属于碱性；当 pH 值小于 7.0 时，土壤则为酸性。有些作物，如茶（Tea）、菠萝（Pineapple）、蓝莓（Blueberry）和杜鹃花（Azalea）等喜在酸性土壤（pH 值为 4.5～5.5）中生长，但大部分作物都以中性土壤最为适合。

对于土壤酸碱度，其最大问题是它会使养分被土壤固定（Fixation），无法释放出来供作物吸收。如图 6.11 所示，氮、磷、钾等 12 种重要作物元素，被分配到不同的白色宽带上。并且这些宽带在不同酸碱度的情况下其宽度的大小不一，宽的部分是说明该元素在此 pH 值范围内，其养分最能被作物利用，而窄的部分则情况相反。

如图 6.11 所示，当 pH 值为 5.5～7.0 时，养分最能被一般作物吸取。因此，为了满足作物需求，以其习性为准，就必须对 pH 值做一些调整。由图 6.11 可知，在不同土壤酸碱度下各种养分能被作物吸收程度的不同，最

常用来提高土壤 pH 值的添加物为石灰（Lime），如图 6.12 所示，但也不能施放过量。

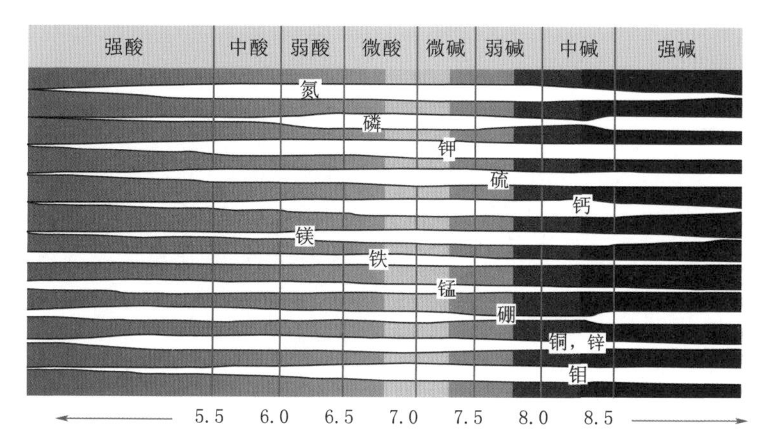

图 6.11 土壤酸碱度、pH 值与作物有效养分范围

（a）石灰

（b）施撒石灰

图 6.12 利用石灰提高土壤的 pH 值

6.1.5.2 碱性土壤的管理

在干旱或半干旱地区，如黄河河套灌区一带，当降水量小于蒸发量时，就会从土壤矿物中分解出来阳离子（主要盐类包括钙 Ca^{2+}、镁 Mg^{2+}、钾 K^{+}、钠 Na^{+}和铵 NH_4^{+}），在没有足够的雨水把它淋洗下去时，这些阳离子会随着毛细管水向上升而累积在地表。所以这一带土壤的 pH 值通常大于 7。当土壤 pH 值大于 7 时，可分为盐土（Saline Soil）和碱土（Sodic/Saline-sodic Soil）两大类。

当土中的饱和溶液的电导度大于 4ds/m 时，其可交换钠吸附率（Exchangeable Sodium Adsorption Ratio，SAR＝［Na^{+}］/｛1/2（［Ca^{2+}］＋［Mg^{2+}］）｝$^{1/2}$）小于 13，当土壤的 pH 值小于 8.5 时，则称之为盐土（Saline Soil）。盐土会妨碍作物的正常生长。至于碱土，是指 SAR 大于 13 的土壤，它也会阻碍作物的生长。

一般解决盐碱土的方法是利用灌溉来排碱洗盐。但遗憾的是，在干旱或半干旱地区大都缺水，而且水质也不理想，pH 值很高，因此排碱洗盐的效果不好。为了帮助根系发展，其中一种方法是利用高垄栽培，在施灌时尽量使根系层中的盐能排到垄沟中。另一种解决盐碱土的办法则是从土壤本身着手，例如平整土地减少暴露面积，或适时把表土耙松，破坏毛孔连接，减少蒸发。当然，在作物选择方面也很重要，例如在河套灌区，基本都选择小麦、甜菜、向日葵，以及对 pH 值不是很敏感的番茄等作物，原因是这些作物均是耐盐碱作物。

其实，不论土壤 pH 值的高低，最有效改变根圈性质的方法是增加土中的有机物质。增加土中有机物质的方法很多，在大面积的耕作中最常见的是利用绿肥（Green Manure）。所谓绿肥就是在田中种植一些易长的固氮作物，成长后直接耕入土中。常见用来做绿肥的作物有三叶草（Sweet Clover）、毛苕子（Hairy Vetch）和太阳麻（Sun Hemp）等。利用绿肥的另一个好处是可以增加土壤中的微生物种类、数量及其活动能力。

6.1.5.3　土壤大面积的管理

上述讨论是说明在田区中的某一定点或小田区土壤根系层的改善，在大面积的田区中，为了要改善大面积农田就要去了解整片田区的状况。在第 3 章中有提到利用人工采集土样非常费时耗力，为了解决这个问题，采取土样就得从机械化方向发展。图 6.13（a）为 Wintex Agro Inc 所开发的液压采土器，此采土器可安装在普通农用四轮工作车上［图 6.13（b）］，与液压系统、与电脑及地球定位系统连接，采土时只需一人操作，如图 6.13（c）和（d）所示。按一般正规采土要求，若每公顷采取一个复合土样（Composite Soil Sample），此复合土样是由 8 个采样点，土深至 20cm 的土壤所组成，而这 8 个采样点应尽量能均匀分布在该土样区内。通常情况下，每个工作日可采集 200～250 个复合土样，涵盖面积可达 $200hm^2$ 以上。

图 6.14 是利用机械采土的一个实例，资料是由 Mr. Terry Wyciskalla 提

（a）液压采土器

（b）农用四轮工作车

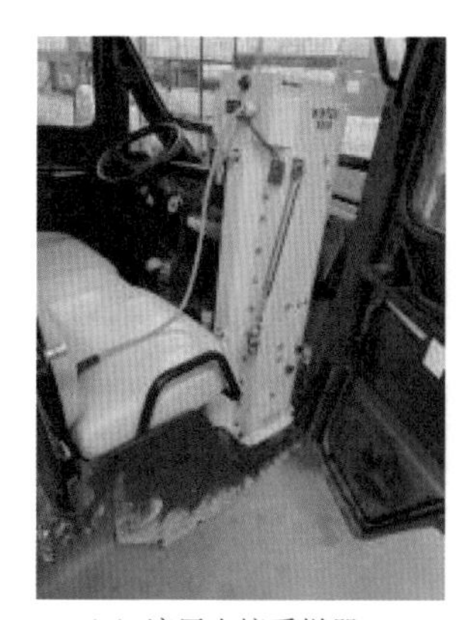
（c）液压土壤采样器

（d）工作车驾驶和收集土样只需一人操作

图 6.13 采土器

（a）农田空照图

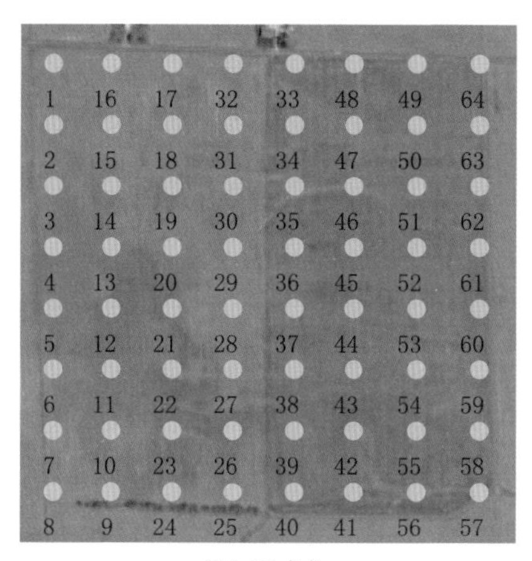

（b）测点位

图 6.14 农田空照图及测点位

供。此农田约 $64hm^2$，坐落于伊利诺伊州邦德县（Bond County），采样目的主要是调查此农田土壤养分含量（Soil Nutrients）。在测试时，此农田分为64个小区，每小区为 $1hm^2$，采土时测定路线是按照图中号码顺序进行。

此测定所涵盖的土壤养分很广，在此仅讨论土壤有机质含量和pH值。一般而言，此农田可划分为两部分。在图6.15（a）中颜色较蓝部分地势较高，所以降水产生的地表水大部分会带着表层土壤从东边往西边田区移动。

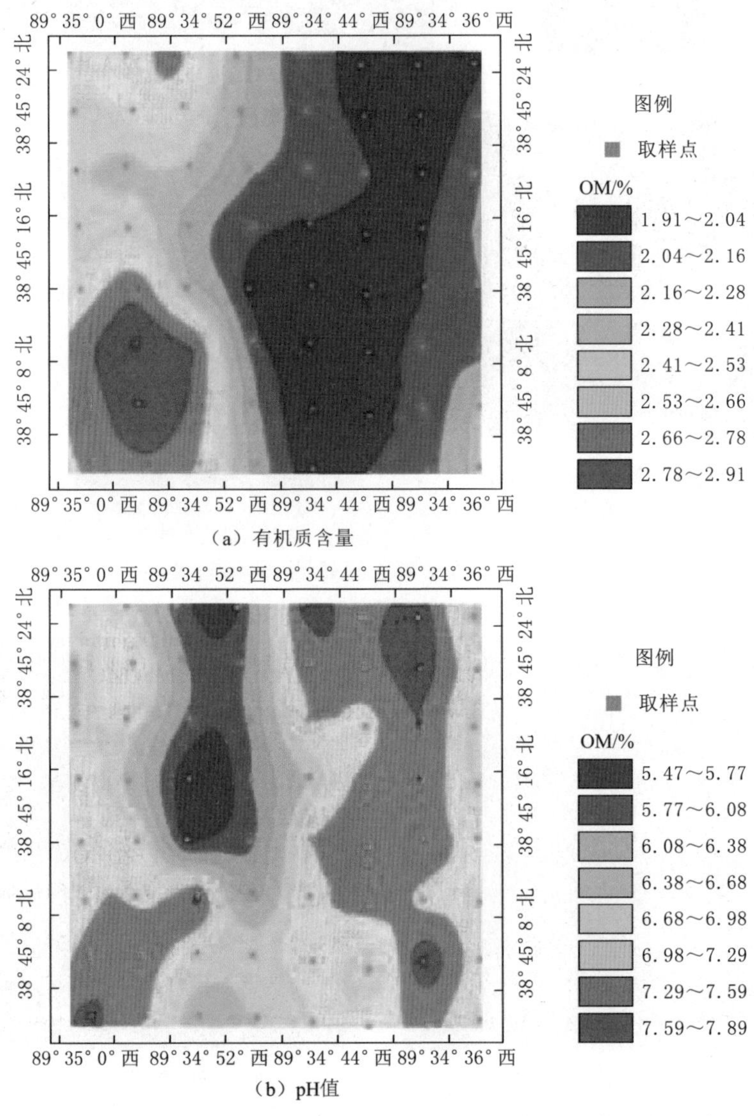

图6.15（一）　土壤有机质含量、pH值的空间变化及非生长季空照图

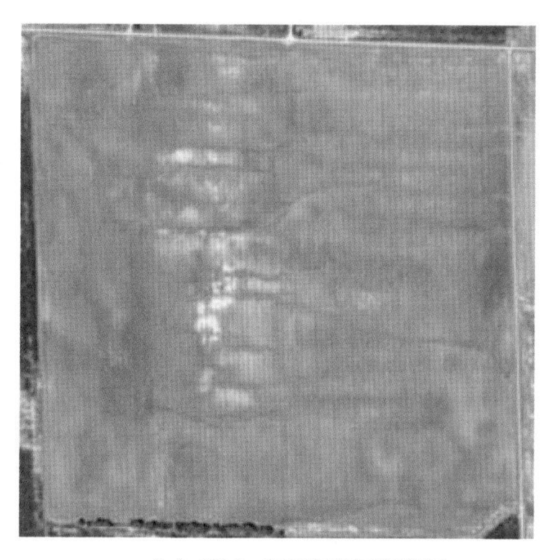

（c）2019—2020年田区空照图

图 6.15（二） 土壤有机质含量、pH 值的空间变化及非生长季空照图

因此，造成东边田区有机质含量比西边田区来得低。虽然如此，在邦德县有机质能维持在 2%左右已经算是非常好了。但是为了整个农田管理上的方便，以及提高土壤肥力的一致性，东边农田（蓝色部分）的有机质是有提高的必要，当然最好能维持在 2.5%以上。

至于农田的 pH 值［图 6.15（b）］，它所呈现的问题则远比有机质含量来得复杂。邦德县年均降雨量为 1000 ～1100mm，而土壤则由钠长石（Sodium Feldspar）生成。在此之前，此农田是否曾施撒过石灰不得而知。但必须注意的是，由于农田东边表土的流失，加上平常施放化肥和喷洒杀虫剂等，加速了土壤矿物盐分的释放，后被雨水携带到西边低洼地区，这种情形可从 2019—2020 年田区空照图中清楚地看出［图 6.15（c）］。图中呈白颜色的地区［也就是在图 6.15（b）中的深蓝色部分］，就是经多年积累出现的盐分，这里的 pH 值仅为 5.4～5.8。虽然此区属盐分地，但由于盐分主要含钠（Sodium），含钠的土壤有时候会出现很高的 pH 值读数，但实际值小于 7.0。假如此试验是选点而并非大面积测试，而所选点又刚好落在深蓝色地区，结果会误认为整个农田土壤均属酸性，须施加石灰加以调整。按过去的管理，往往会建议在整个田区施撒等量的石灰，若是如此，对东区及西南角落的土壤（pH 值大于 7.5）会造成更多的问题。在深蓝色田区［图 6.14（b)］应该施加石灰加以调节，但只限于这一地区而已。碱性土壤的 pH 值可以通过添加酸化剂（如元素硫）或酸性有机材料（如泥炭苔藓）来降低。但从经济效益上考量，可行性并不高。利用休耕或种植绿肥作物，再把这些作物掺入土中，应该是一个很好的选择，这不仅可以增加土壤有机质含量，改善土壤结构，更能促进土壤肥力。

6.1.6　土壤水分含量的调节

作物根系层所含的水分过高或者过低，都不利于作物的生长。正如第 2 章中所讨论的水、肥、气、热问题，在这四个因素中，水是最重要的因素。灌溉和排水是一个牵涉面很广、很复杂、很具挑战性的课题，除了可以提高或降低土壤水分含量外，还具有洗盐和调节温度、调节土壤空气的流通，控制根系层深度和调整作物生长期等功能。

调节土壤水分含量时，不能只考虑土壤本身和作物的需求，还需要了解该地区的环境和气候状况。譬如说，在东北或黄河河套一带，因天气寒冷，作物生长季节比起江南一带短得多，所以为了能提早春耕时间，其春耕作物的用水会在秋收之后，水未结冰之前进行灌溉，其目的是先让水储存在土中，到春暖时，土壤一旦达到某一温度时，表土冰块融化之后即可下种，否则会造成许多作物的生长时间不足或无法生长的情形。这跟南方完全不同。在温暖的南方，只要有水，可随时根据需要施加灌溉。

6.2　荒漠化及其土壤改良

6.2.1　土地荒漠化与沙漠化

根据联合国环境规划署（United Nations Environment Programme，UNEP）按照干旱指数（Aridity Index，AI）对土地的分类，全球极度干旱、干旱、半干旱和亚湿润干旱的面积约占全球陆地面积的 41.1%（表 6.1）。干旱指数指的是平均年降水量（Annual Average Rainfall）与潜在蒸发量（Annual Potential Evapotranspiration）的比值。当干旱指数小于 0.65 时称为旱地。

原生沙漠是极度干旱的地方，大部分是出现在大气循环气流往上升的地区，对全球气候有一定的调节作用，它是地质时期形成的，和湿地或森林一样，都是生态系统中重要的一环，有存在的原因和必要。

表 6.1 联合国环境规划署按照干旱指数对土地的分类

干旱类别	AI*	土地通称	面积/万 km^2	比例** /%
极度干旱	<0.05	荒漠	0.98	6.6
干旱	0.05～0.20	半荒漠	1.57	10.6
半干旱	0.20～0.50	草地	2.26	15.2
亚湿润干旱	0.50～0.65	草原	1.28	8.7
合计			6.09	41.1

* AI 为平均年降水量/潜在蒸发量。

** 为占全球陆地面积。

荒漠化指干旱、半干旱和亚湿润干旱地区的土地退化，由人类活动或自然因素引起的自然生态系统平衡的破坏，使得根圈系统提供作物生长的条件逐渐退化，造成的大片土壤生产力下降或丧失的过程。世界各地土地荒漠化情况日趋严重，造成的原因除了一些不安全和不稳定的因素之外，一些文化习俗和无知也会加剧这一问题的扩大化。

当然影响荒漠化最主要的原因莫过于气候变迁（Climate Change）和一些无可避免的自然灾害（Natural Disasters）以及人类的漠视（Apathy）和剥夺自然资源（Stripping Natural Resources）所造成的后果。例如挖地采矿（Mining）、林木砍伐（Deforestation）、过度放牧（Overgrazing）、工业污染（Industrial Pollution）、土地城市化以及一些不当或过度开发（Overexploitation）等（图 6.16），破坏了脆弱的生态平衡，改变了土地环境及其保水能力，降低了土地供作物生长的条件，尤其是在干旱及半干旱地区，多风沙质地表，土地退化持续发生，包括盐渍化、水土流失、土壤沙化等，因而出现了风沙活动，最后形成沙漠化现象。虽然土地沙漠化只是荒漠化中的一部分，但它却是世界土地保育中最艰辛、最具挑战性的工作之一。

因沙漠化和荒漠化引发的环境问题，已成为全球十大环境问题之首，其实沙漠化土壤改良最大的问题是缺水，而不是土。据联合国资料，目前荒漠化已影响到世界 1/5 的人口和全球 1/3 的陆地，成为导致贫困和阻碍经济与社会可持续发展的重要因素。中国是世界上受荒漠化危害最严重的国家之一，而内蒙古自治区又是中国荒漠化最严重的地区之一。

经过一场大洪水之后，表土尽失，砾石尽露，良田变成荒漠之地

沙丘移动，吞噬草原，在沙漠中司空见惯

建造公路、开发新小区往往忽略了水土保持措施，让水土流失

在开采露天矿时，只顾开挖，不顾复土还原，造成环境极大破坏

开矿之后，所排出的污水带给附近生态极大的伤害

过度放牧不仅无法提供足够的牧草恢复生长期，也会造成土地夯实，加速地区沙漠化

图 6.16　荒漠化出现的原因

6.2.2 中国土地荒漠化、沙化现状

1. 中国土地荒漠化现状

根据原国家林业局的官网数据显示，截至2014年年底，全国土地荒漠化的总面积达261.16万km^2。其中，轻度荒漠化土地的面积达74.93万km^2，占全国荒漠化土地总面积的28.7%；中度荒漠化土地的面积达92.55万km^2，占全国荒漠化土地总面积的35.4%；重度荒漠化土地的面积达40.21万km^2，占全国荒漠化土地总面积的15.4%；极重度荒漠化土地的面积达53.47万km^2，占全国荒漠化土地总面积的20.5%。从荒漠化土地的面积来看，中度荒漠化土地的面积最大，远高于其他程度荒漠化土地的面积，而重度荒漠化土地的面积最小，小于荒漠化土地总面积的1/6，而轻度荒漠化土地的面积也未达到全国荒漠化土地总面积的1/3。

2. 中国土地沙化现状

截至2014年年底，中国土地沙化现状为：中轻度沙化土地的面积达26.11万km^2，占全国沙化土地总面积的15.2 %；中度沙化土地的面积达25.36万km^2，占全国沙化土地总面积的14.7%；重度沙化土地的面积达33.35万km^2，占全国沙化土地总面积的19.5%；极重度沙化土地的面积远高于其他程度沙化土地的面积，约占全国沙化土地总面积的50%。在其他程度沙化土地的面积中，重度沙化土地的面积占据较大比重，轻度和中度沙化土地的面积最少。有数据表明，中国土地沙化问题较突出，土地资源破坏程度非常严重，极重度和重度沙化土地的面积过大，在土地沙化防治方面需要更加积极地应对。

6.2.3 内蒙古自治区土地荒漠化、沙化现状

1. 内蒙古自治区土地荒漠化现状

内蒙古自治区是中国荒漠化最为严重的地区之一，有超过一半的土地存在不同程度的荒漠化危害。这些荒漠化土地主要集中分布在北纬37°24′～49°45′和东经97°10′～121°15′的干旱、半干旱和亚湿润干旱带。截至2014年年底，内蒙古自治区荒漠化土地的总面积达60.92万km^2，占内蒙古自治区土地总面积的51.5%。分布于12个盟市的80个旗（县、市、区）。主要集中分布在阿拉善盟、锡林郭勒盟、鄂尔多斯市和巴彦淖尔市，四盟市荒漠化土地的面积达44.56万km^2，约占全区荒漠化土地总面积的73.1%。

按荒漠化程度分：①轻度荒漠化土地的面积为 30.91 万 km^2，占荒漠化土地总面积的 50.7%；②中度荒漠化土地的面积为 16.74 万 km^2，占荒漠化土地总面积的 27.5%；③重度荒漠化土地的面积为 5.52 万 km^2，占荒漠化土地总面积的 9.1%；④极重度荒漠化土地面积为 7.75 万 km^2，占荒漠化土地总面积的 12.7%。

2. 内蒙古自治区土地沙化现状

截至 2014 年年底，全区沙化土地总面积约为 40.79 万 km^2，占自治区土地总面积的 34.5%，分布于全区 12 盟市的 91 个旗（县、市、区）。主要在阿拉善盟、锡林郭勒盟、鄂尔多斯市、巴彦淖尔市、通辽市和赤峰市等 6 个盟市，6 个盟市沙化土地的面积为 37.16 万 km^2，约占全区沙化土地总面积的 91.1%。其中，阿拉善盟沙化土地的面积最大，为 19.87 万 km^2，约占全区沙化土地总面积的 48.7%。

按沙化土地类型分为：①流动沙地（丘）的面积为 7.81 万 km^2，占全区沙化土地总面积的 19.15%；②半固定沙地（丘）的面积为 4.94 万 km^2，占全区沙化土地总面积的 12.11%；③固定沙地的面积为 13.70 万 km^2，占全区沙化土地总面积的 33.58%；④露沙地的面积为 5.12 万 km^2，占全区沙化土地总面积的 12.55%；⑤沙化耕地的面积为 0.44 万 km^2，占全区沙化土地总面积的 1.08%；⑥风蚀残丘的面积为 0.0044 万 km^2，占全区沙化土地总面积的 0.01%；⑦风蚀劣地的面积为 1.68 万 km^2，占全区沙化土地总面积的 4.12%；⑧戈壁的面积为 7.10 万 km^2，占全区沙化土地总面积的 17.40%。

沙化土地集中分布在 4 个地区和后山 12 个旗（县）：一是在呼伦贝尔高原和锡林郭勒高平原上，分别为呼伦贝尔沙地、乌珠穆沁沙地和浑善达克沙地；二是大兴安岭以南的松辽平原，为科尔沁沙地；三是位于阴山以南的鄂尔多斯高原，分别为毛乌素沙地和库布齐沙漠；四是贺兰山—卓子山一线以西的阿拉善高平原和乌兰察布高平原的西部，是自治区沙漠和戈壁分布最多的地区，有著名的乌兰布和沙漠、巴音温都尔沙漠、腾格里沙漠、巴丹吉林沙漠；五是阴山北部的乌拉特中旗、固阳县、达茂旗、四子王旗、武川县、察右中旗、察右后旗、商都县、化德县、兴和县、多伦县和太仆寺旗，俗称后山 12 个旗（县），也是沙化土地大面积分布的地区。

6.2.4 荒漠化土壤改良方法

荒漠的恢复（Restoration）最重要的是保护原有的自然植被（Maintaining Native Vegetation），杜绝乱开滥垦等破坏（Eliminate Arbitrary Cutting and in Discriminate Reclamation，FAO，2019）。荒漠地的改良过程共分两个阶段：

（1）保土阶段。采取工程或生物措施，使土壤流失量控制在容许流失量的范围内。如果土壤流失量得不到控制，土壤改良亦无法进行。对于耕作土壤，首先要进行农田的基本建设。

（2）改土阶段。其目的是增加土壤有机质和养分含量，改良土壤结构及质地，提高土壤的肥力。

6.2.4.1 传统恢复荒漠化的方法

传统恢复荒漠化的方法主要有两种：

（1）工程法（Engineering Approach）。工程法包括：①使用机械化的土地装备固定沙丘（Sand Dune Fixation）、铺设方格（Checkerboard Technique），如图 6.17（a）、（b）、（c）所示；②建立防风设施（Wind Protection Facility），如图 6.17（d）所示；这两种方法可以增加地表粗糙度，消减地表风力，阻止沙流；③斜坡装设截水屏障，如图 6.17（e）所示；④建立小堤坝（Small Dykes），如图 6.17（f）所示；这两种方法则可以增加水分入渗；⑤利用覆盖（Mulching）可以降低土壤的温度和水分的蒸发。这些防风保水设施，在恢复荒漠化工程中常可见到。

（2）生物固定法（Biological Approach）。生物固定法主要是在荒漠中增加植被（FAO，2019）。在荒漠中植树种草一定要因地制宜，必须要选对树种和草种，最理想的是直接利用该地区的原生植被（Native Plants）。其原因是原生植被一般对当地环境抗逆性强，耐旱抗风沙，抗病虫害。其次是根据过去的经验，选择寿命长、耐温差大、能在流动沙丘上固沙的植物，如乌柳（又名沙柳，Salix Chellophila）、梭梭（Haloxylon Ammodendron）、柠条（Caragana Korshinskii Kom.）、胡杨（Populus Euphratica）、沙打旺（直立黄耆）、沙米（沙蓬）以及菊科蒿属的沙蒿等植物（图 6.18），这些植物在造林、防风、防沙方面，都表现非凡。生物固定法虽然人工成本高、时间长、效率低，有时材料消耗还很大，但在阻止土地沙漠化，特别是固沙方面，成

（a）草方格沙障　（b）沙网格状沙障

（c）生物基可降解沙障　（d）防风林

（e）斜坡装设截水屏障　（f）建立小堤坝

图 6.17　常见的工程法

果是相当不错的。

6.2.4.2　传统荒漠改土的方法

传统荒漠改土的方法也可分为两方面，即土壤质地的改良与土壤结构的改良。

（1）土壤质地的改良。荒漠化的土壤多数是属于粗质地的砂土。在土壤组成中已经提过砂土的结构性差，有机质含量低，而且砂土所含的矿物质大部分是石英，而石英是母岩矿物质，由 1∶1 型晶体所组成，比表面积小，

(a) 沙柳

(b) 梭梭

(c) 柠条

图 6.18 生物固定法原生植被

离子交换率低，因此保水保肥能力差。

在大面积的情况下，要改变土壤质地几乎不太可能，但在某些地区因土层质地和结构不同，可利用砂土掺黏法处理。所谓的砂土掺黏法是指当某一地区的表层土壤为砂土，而底层土壤为黏土时，可将表层和底层土壤进行混合，进而改善土壤的级配。掺混作业可在土壤深耕或翻耕、耙地或旋耕时结合起来进行。砂土掺黏法一般宜就地取材，因地制宜，如在进行土地平整、道路与排灌系统建设时，可有计划地搬运土壤，进行土壤改良，或是利用质地较细的河泥、塘泥混合，砂土掺黏的比例范围较宽，亦可逐年进行。

(2) 土壤结构的改良。土壤结构的改良方法也可分为两种，即传统的增施有机肥料和引起许多争论的掺撒土壤改良剂。

1) 增施有机肥料法。此法在根圈改良中已经有了相当深入的讨论。荒漠化的土壤不但养分含量低，而且水、气、热状况不协调，土壤生态状况差。可选用一些牲畜粪便等冷性肥料做基肥，逐渐改变土质。施肥时，有机肥应深施，要采用少量多次的原则。而且在施用淋溶性小的肥料时，最好采用沟施或穴施等集中施用的方法，一次不能多施，多施易流失。如此，土壤就会变得养分丰富，物理性状良好，生物活性提高，有利于植物的成活和生长发育，这是改良砂质土壤的最有效方法。另外由于有机质的缓冲作用，可以适当多施可溶性化学肥料，尤其是铵态氮肥和磷肥，它们能够保存在土中不易流失。

但是，在荒漠中要取得有机添加物实属不易。因此，在作物间隔的空余季节，可种植一些豆科类作物，利用间作或轮作方式固氮，也可将农作物的残留或秸秆（Straw）掺入土中以增加土壤中的腐殖质和氮素肥料。如果条件许可，亦可间作绿肥，如种植苕子（Vetches）、草木樨（Sweet Clovers）、苜蓿等都适合作为绿肥作物。一般绿肥作物产量高，肥效好，不但能增加土壤有机质，改善土壤理化性状，保持水土，而且还可以作为饲料，过腹还田。绿肥作物易栽培、成本低，是一种优质的肥源。

2）掺撒土壤改良剂。如前所述，在沙漠中改变土壤质地的概率不大，且有机添加物又十分缺乏的情况下，掺撒土壤改良剂的确是一种很值得努力和追求的思路。土壤改良剂主要是用于改良土壤的物理、化学和生物性质，促使根圈环境更适宜于作物生长，此法即荒漠改土中的化学法（Chemical Approach）。化学法改良土壤结构的主要途径是利用黏合剂和保水剂，促进砂粒的结合，帮助土壤团粒的形成，从而促进土壤的保水能力，延长水分在土中的滞留时间。用来增进土壤团粒结构和固沙的改良剂不少，例如聚丙烯酰胺黏合剂（Polyacrylamide，PAM）（Sojka 等，2007）、改性羧甲基纤维素钠黏合剂（Modified Sodium Carboxymethyl Cellulose）（吴军虎等，2015；易志坚，2016）等，在相关文献上多有提及，对砂土的改善也有很好效果。

掺撒土壤改良剂在理论和逻辑上都是可行的，是值得进一步去探讨的，但在推广之前，需要有更详尽的科学试验来支撑及经济考量。从土壤物理学的角度来看，土壤颗粒的结合除了所掺土壤改良剂的作用外，对水分子内聚力（Cohesion）和附着力（Adhesion）的相互作用也会有一定的影响。在砂土吸湿和脱湿过程中，团粒能否结合和土壤水分含量有关，至于结合后分散，分散后再结合，能否相互转换，除了土壤湿度之外，还要由土粒的矿物晶体而定。

在使用土壤改良剂之前，必须先了解砂土本身的性质，然后从试验设计开始，确定掺撒改良剂的量与方法，掺撒后的反应，所形成团粒的稳定性，以及土壤改良前后的保水能力（即水文特性），这些数据在试验中均可测得，有了以上的数据便可进行温室生态测试。在实地进行试验时，除了观察植被在沙漠中的成活率和反应之外，还要观察改良后土壤的持久性是否能禁得起时间的考验，从实地结果确定之后，再决定是否进行大面积推广。

参 考 文 献

易志坚，2016. 沙漠“土壤化”生态恢复理论与实践［J］. 重庆交通大学学报（自然科学版），35:27－32.

吴军虎，陶汪海，王海洋，等，2015. 羧甲基纤维素钠对土壤团粒结构及水分运动特性的影响［J］. 农业工程学报，31:117－123.

BRADY N C，WEIL R R，2008. Elements of the nature and properties of soils [M]. New Jersey：Pearson Prentice Hall.

CHONG S K，BONIAK R，INDORANTE S，2003. How do soils breathe? [J]. Golf Course Magazine，71：181－183.

CHONG S K，OK C H，BONIAK R，et al.，2001. Rootzone mixes amended with crumb rubber — laboratory study [J]. International Turfgrass Society J，9:493－497.

CHONG S K，OK C H，BONIAK R，et al.，2005. To air is human when it comes to anaerobic greens [J]. Turfgrass Trends，14：62－64.

CHONG S K，HILDEBRAND K K，LUO Y，et al.，2005. Mapping soybean sudden death syndrome as related to yield and soil/site properties [J]. Soil and Tillage Research，84：101－107.

CHONG S K，OK C H，BONIAK R，et al.，2004. Physical properties of green sand mixes amended with various organic compost [M]. Athens：Proceedings of 1st International Conference on Turfgrass Management & Science for Sport Fields.

CHONG S K，OK C H，BONIAK R，et al.，2006. USGA turfgrass and environmental research online [J]. United States Golf Association，5:1－10.

CONSTANTINOU C，DIESBURG K，CHONG S K，et al.，1997. Testing indigenous materials for sports rootzone construction in Cyprus [J]. International Turfgrass Society Research Journal，8:1150－1162.

FAO，2015. Status of the world's soil resources (SWSR) － Main Report. Food and Agriculture Organization of the United Nations and Intergovernmental Technical Panel on Soils [R]. Rome：FAO.

FAO，2019. Trees，forests and land use in drylands：the first global assessment-full report [R]. Rome：FAO.

HECKMAN J，2018. Soil fertility recommendations for producing grass hay [R]. New Jersey: Cooperative Extension Fact Sheet FS1295，New Jersey Agricultural Experimental Station.

SOJKA R E，BJORNEBERG D L，ENTRY J A，et al.，2007. Polyacrylamide in agriculture and environmental land management [J]. Advances in Agronomy，92:75 - 162.

第7章 填装土柱与蒸渗仪

在传统农业研究中，了解土壤的最直接方法就是对土壤本身进行测定，间接方法是在土壤中种植作物，再观察作物对土壤的反应，即所谓的土壤生态法（Edaphological Approach）（Brady 和 Weil，2008）。随着科技的进步，针对土壤的研究，尤其是水和溶质等在土中移动的相关问题，也可以通过计算机来模拟研究（Computer Simulation）。

利用计算机模拟必须满足模拟的要求，就以第4章中的理查方程式（Richards Equation）为例，除了初始和边界条件之外，一些基本的土壤参数，如导水系数、扩散系数以及水文特征曲线等都必须具备。但这些土壤参数的测定非常费时费力，近年来许多学者往往从文献中收集各种土壤相关数据，建立数据库，再利用转换函数（Pedotransfer Function）（Bouma，1989）等求得。

不过，学者们一致认为土壤参数最好能实地测定，因为实地测定更能精准地反映田间实况。如果难以实地测定，可采集未扰动土样（Undisturbed Soil Core）回实验室测定。遗憾的是，很多时候未扰动土样也无法取得，最后只得用填装土柱来替代。采用填装土柱做试验除了经济上的考虑，以及为了赶进度以满足重复试验等的要求之外，还因为受到环境、气候或地域的限制。当然也有一部分研究，就必须使用填装土，最典型的例子莫过于选择建造高尔夫球场果岭草坪的根系层材料（Rooting Material）。

7.1 土柱与盆栽填装

如何填装土柱，与填装土壤的用途和目的有关。农艺与园艺学者希望填装材料能类似田间的根系层土壤状况。但是，美国材料试验学会（American Society of Testing Materials，ASTM）及美国州公路与运输局协会（American Association of State Highway and Transportation Office，AASHTO）则希望填装土壤能被夯实至其最高密度，能建造出硬实坚固的地基，以确保工程品质，达到安全要求。因此，各行业对填装土柱的规定及夯实的方法和要求是不同的。

7.1.1　土柱模拟或采样的基本要求

无论装填土柱是用作模拟或采样，还是任何类型的研究，试验过程中都希望能符合以下 4 个条件：①结果要准确（Accuracy），即测定或模拟的结果能反映实际情况；②测定的方法要尽量简单（Simplicity），从经济、省时、省力方面考虑，选用的方法或技术应该越简单越好；③操作过程必须一致（Consistency），这样才能重复试验，相互比较；④在测试或模拟时所选用的参数其敏感度要高（Sensitivity），这样才能真正反映问题。

现以美国高尔夫球协会（United States Golf Association，USGA）对高尔夫球场果岭要求为例，加以说明。该协会认为任何球场若要得到 USGA 的认证，就必须符合该协会推荐的标准，其中包括果岭的基础设施、所用的砂石，以及根系层下必须铺上 10cm 的细石。为了保证场地草皮健康，根系层砂土的粒级要求极高，不仅如此，根系层材料的物理性质还必须满足协会相关要求。当然，这些要求会随着环境和时间做调整（USGA，2004），如协会 1993 年规定，草坪根系层材料的物理性质必须达到下列标准：①总孔隙率（Total Porosity，P_T）为 0.35～0.55；②空气孔隙率（Air-Filled Porosity，P_a）为 0.15～0.30；③饱和导水系数（Saturated Hydraulic Conductivity，K_{sat}）必须在 150mm/h 以上。

高尔夫球场建设的从业者为了能达到上述要求，除了寻找合格的砂土之外，其中根系层就必须利用填装土柱在实验室中测试，而试验的方法和步骤必须符合美国材料试验学会（ASTMF 1815—97）的规定。图 7.1（a）为果岭草皮试验，其根系层就是按照上述规定填装出来的。

7.1.2　如何选择填装的方法

在填装前，首先必须了解填装盆栽或土柱的目的及用途。例如，装填土是用作作物生态研究设计，了解作物根系发展，还是用作水或溶质移动研究而填装？或者填装的土柱是为了基础工程，还是为了测试导水能力以防止垃圾填埋

场被污染？很显然，如果是把填装土作为生根材料，用以栽培作物，那么装土的容器就完全不同了［图 7.1（b）］，而且填装材料的密度必须与田间根系层密度相近；如果是模拟水与溶质在土中的移动，所选容器最好是土环（不漏水且容易操作），其容重应与实地容重相近；若为基础工程或防止污染渗漏而填装，那么填装土壤的密度最好能达到最大值（Maximum Bulk Density）（Das，1989）。

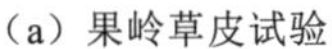

（a）果岭草皮试验

（b）堆肥添加量试验

图 7.1 在温室中利用土壤生态法测试作物对根系层材料的反应示意图

其次，填装材料必须正确，若试验是为研究农地的根系层而设计的，那么填装材料就必须从农地表土中采集，如果是为研究高尔夫球场果岭根系层设计的，那砂土就必须达到美国高尔夫球协会的有关要求。另外，必须注意的是，土壤夯实密度受到夯实时土壤水分含量的影响，因此在填装之前，必须建立各个土样的土壤-水分-密度曲线（Soil-Moisture-Density Curve），再根据曲线确定夯实时应该控制的水分含量。

7.1.3 如何选择最佳压实水分含量

1. 细质地土壤最佳压实水分含量选择方法

在基础工程中，填土时往往希望能降低地基透水性以增强抗剪强度（Shear Stress），从而减少土层的沉陷或回弹量。为了能使土壤达到最大密度，普洛特（Proctor）在 1933 年提出了决定最佳水分含量（Optimal Moisture Content）的方法。普洛特的方法是把土壤控制在不同的水分含量下，利用标准夯实器（包括金属夯棒及夯模）测出其容重。如图 7.2 所示，普洛特土壤标准夯实器包括金属夯棒（直径 5cm，质量 2.5kg）及夯模（内径

图 7.2　普洛特土壤标准夯实器示意图

10.2cm，高度 11.7cm）。测定时，土壤分三层填装，每层用夯槌自 30cm 处自由落下，均匀分布夯打 25 次。然后利用土壤容重和水分含量绘出如图 7.3 所示的土壤水分含量-密度曲线。普洛特法在一般的工程土壤力学中都有详细的说明（Das，1989；Schroeder，1984）。

由图 7.3 可知，粉黏壤土（Silty Clay Loam）的密度比粉壤土（Silt Loam）高，但两者的土壤密度在水分含量为 15%～18%（重量比）时达最高值。此结果说明在此水分含量范围之外，两种土壤比较不容易夯实。因此，在基础工程中，夯实时就必须把土壤水分含量调至 15%～18%，才能达到理想的密度范围；若此测定是以农业为目的的，当土壤水分超过 15%时，就应该尽量避免在田里从事耕犁活动，这样就可以减少农地被夯实的可能；若为水或溶质移动研究准备，土壤水分含量应该控制在 15%以下，才可填装土柱。同理当土壤水分含量超过 18%也可进行试验，但湿土不易操控，应在试样中尽量避免。而且因为夯槌的质量一定，为了模拟田间土壤的密度，可以通过夯击次数来调整土壤容重的大小。

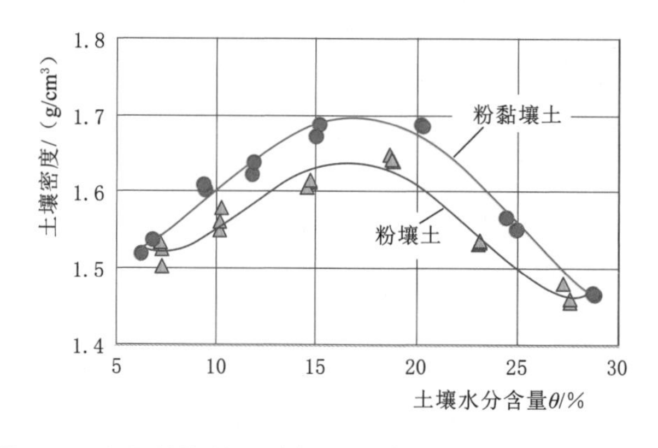

图 7.3　利用普洛特土壤标准夯实试验所测出的粉壤土（Silt Loam）与粉黏壤土（Silty Clay Loam）的土壤水分含量-密度曲线

2. 粗质地土壤选择方法

一般地，学者们认为砂土不易被夯实，即使可被夯实，其夯缩程度也不大。现利用美国高尔夫球协会认可的砂土及砂土中添加1.5%（重量比）的泥炭苔藓（Peat Moss）两根系层的材料来说明。图7.4为在不同水分含量下，利用类似于美国材料试验学会（ASTM F1815—97）夯实方法测定出来的结果。在试验中，各个根系层材料的水分含量均控制在2%～12%（重量比）（接近砂土的田间容水量）。在这个范围内，按照每增加2%的水分含量，即水分含量分别为2%、4%、6%、8%、10%、12%进行6次测试。测试时，同一水分含量的土样各做10次（即10个土柱，每一根系层材料共做6×10=60个土柱）试验，为了减免误差，两个土样的填装与夯实均由同一人操作。

如图7.4所示，砂土受夯压性小，在6种不同水分含量下，土壤密度（D_b）最小值为1.56g/cm^3，最大值为1.59g/cm^3，最大值与最小值之间仅仅相差0.03g/cm^3，这结果也显示了砂土夯实过程受水分含量的影响也不大。但一旦在砂土中添加了泥炭苔藓后，其密度不仅变小，而且在同一水分含量的情况下，其差异可从1.42g/cm^{3}到1.52g/cm^3，最大值与最小值之间相差了0.1g/cm^3。当然密度的减小与泥炭苔藓本身的真密度有关（第3章），但最重要的是在压实过程中泥炭苔藓会产生反弹，增加分离作用（Segregation），因而导致砂土和泥炭苔藓的结合不如纯砂紧密。如图7.4所示，要选择砂土的最佳夯压水分含量（Optimal Water Content）可不像质地较细的粉壤土或粉黏壤土那么明显。因此在选择最佳填装夯实土壤水分含量时，只能从砂土的结合性（Aggregation）来确定。

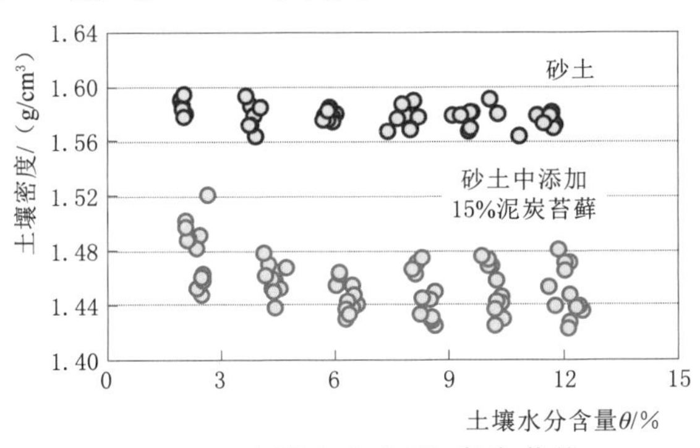

图7.4 土壤水分含量-密度曲线

土壤的结合性，可用其夯实容重的变异系数（Coefficient of Variation）来说明。也就是说，同一土样在相同水分含量情况下重复做试验，求算出土样夯实前后的变异系数差异。变异系数差异越小，说明根系层材料的结合就越强；相反，则离散性较强。

图 7.5 所示为土壤容重变异系数曲线，图中每一点是根系层材料在同一水分含量下，从 10 个土柱容重计算出来的。结果显示，砂土添加泥炭苔藓后其容重的变异系数较大，这也说明砂土加入添加物后其离散性强。图中亦显示水分含量在 5%～7%（重量比）之间，两种生根基质的夯实离散性最小，因此建议在填装砂土时，应把水分含量控制在 5%～7%之间，那么所填装出来的土柱会比较一致。值得一提的是，在粗质地砂土夯实时，依过去经验水分含量应选 7%（高端），因为砂土在稍高水分情况下会比较容易操控。

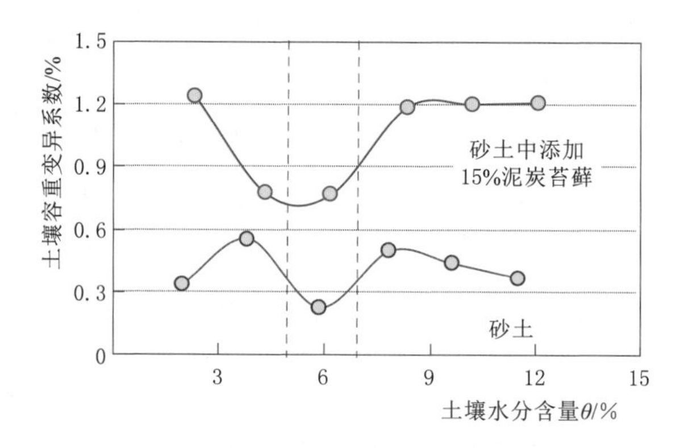

图 7.5　砂土和砂土中添加泥炭苔藓在不同水分含量下夯实，其容重变异系数对比

7.1.4　填装土柱

1. 夯压器

在此所提的夯压器和普洛特土壤标准夯实器不同，此处的夯实槌是安装在一支滑杆上，夯实槌只能顺着滑杆上下移动，而滑杆则固定在一个铁架上，以防止在夯实过程中左右摆动。滑杆的底部焊接一个圆形底盘，底盘的直径比土环的内径稍微小些，用来压实土壤。夯实槌质量为 3.02kg，夯实槌顺着滑杆落下的高度为 30cm，如图 7.6 所示。

图 7.7 是土环及其他配件。此土环在第 2 章中有说明，唯一不同的是用两个相同的短环，而不用环刀，如图 7.7（a）所示。同样的，将两个短环分别在土环两端用胶带连接［图 7.7（b）］，短环一端与多孔隙圆盘黏结［图 7.7（c）］，此多孔隙圆盘直径和土环外径相同，此外在圆盘和土环之间还置

滑杆
落距
30cm
夯实槌
夯实底盘

（a）夯实架

（b）夯实槌和底盘

（c）安置土环

夯实底盘
（直径7.4cm）
重装土柱

（d）完成夯实土柱

图 7.6 土柱夯压器使用示意图

（a）短环

（b）短环胶带连接

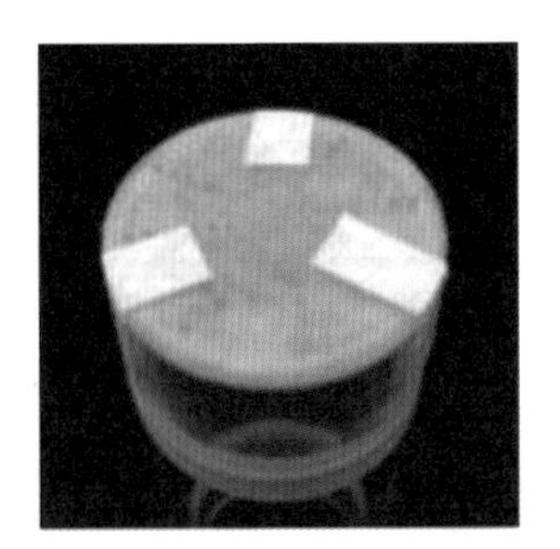

（c）多孔隙圆盘

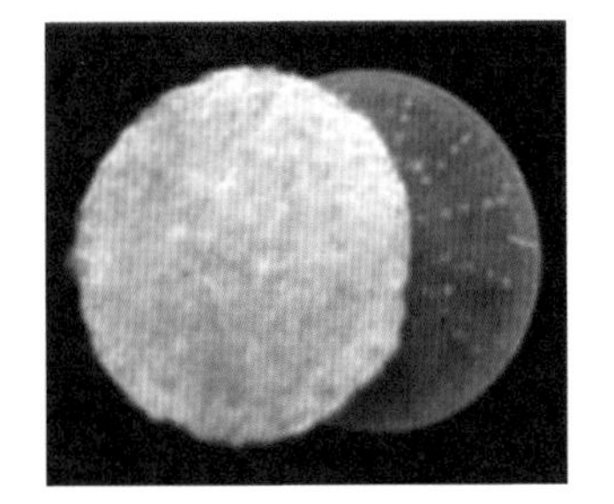

（d）玻璃纤维布

图 7.7 夯实土柱所需土环及其他配件

放一片玻璃纤维布或纱网［图 7.7（d）］，其目的是防止土样在夯实和饱和过程中流失。

2. 土样准备

现以填装盆栽根系层材料为例进行说明。首先将田间采集的土样散开风干，如图 7.8（a）所示，然后再用手或擀面杖碾细，过 4 号筛（6.35mm）后再风干，使土壤水分含量降至 10%（重量比）左右（上述过程只适用于细质土壤，对于砂土，经第一次风干后即可直接过 10 号筛）。然后将土样均匀混合直接装入密封塑料袋中，如图 7.8（b）所示，其目的是让土样中的水分达至均匀。经 24h 密封之后，测出土样水分含量，再将土样分装在不同塑料袋中（至于分成几袋，以及每袋土样的重量，则由试验设计来决定），再调整每袋所要的水分含量。在调整水分时，土样应该从低水分含量加到高水分含量，施加水分的方法最好采用喷洒方式，如图 7.8（c）所示。均匀混合后再装入塑料袋，如图 7.8（d）所示，经 48h 密封处理后再取出使用。

3. 土环填装

（1）在填装土柱之前，可先预估每个土柱所需要土样的重量。譬如土柱

（a）风干

（b）土样均匀装入密封塑料袋

（c）调整水分含量

（d）均匀混合后再装入塑料袋

图 7.8　填装土柱前，土样准备过程示意图

长为10cm（直径 d 为7.6cm），两端短环各长2cm，因此土柱总长为14cm。但填装时不可能把土柱填满，所以其最理想的长度为13cm。假若所要填装的土柱密度为1.55g/cm^3，其干土质量约为915g（密度×体积=1.55g/cm^3×590cm^3）。假设如土样的水分含量是控制在15%（质量比），则填装土柱所需要的土样重量约为1050g。

（2）经多次试验显示，土柱分三层填装最为均匀。因此可将土样分成三等份，分三层来夯实。

（3）夯压时，先把第一部分土样装入土环中，如图7.9（a）所示。整平土样表面，把夯实槌底盘轻放在环中土样上，如图7.9（b）所示，把夯

（a）装入土环　（b）夯实槌轻放在土样上

（c）取出土环　（d）表面刮松

（e）一二层土样紧密结合　（f）第三层完成

图7.9　填装土柱的方法与过程示意图

实槌举至 30cm 高处，让槌顺着滑杆自由滑落共 15 次，取出土环［图 7.9 (c)］后，先将环中受压土样的表面用削土刀刮松 1～2mm 深，如图 7.9 (d) 所示，目的是让第一层和第二层的土样紧密结合。再加入第二部分土样到土环中，再行夯压［图 7.9 (e)］15 次，直至第三层完成为止［图 7.9 (f)］。

(4) 图 7.10 (a) 是完成第三层夯压的土柱。从图中可看出土柱表面高于土环和短环连接处约 1cm。去掉胶带后，取下短环［图 7.10 (b)］，再用削土刀把多余的土样削平［图 7.10 (c)］。同样的，把另一端的短环去掉，用削土刀把余土削平后，土柱完成。

(a) 完成第三层夯压的土柱

(b) 取下短环

(c) 削土刀把余土削平

图 7.10　完成第三层夯压土柱图

值得注意的是，在夯实过程中，土柱的密度不仅与槌重有关，也受夯实次数的影响。因为夯实槌大小（质量）通常不变，为了模拟田间土层密度，只能从夯实的次数来控制。

7.1.5　盆栽填装

在此讨论的盆栽填装是以研究（如对作物根系发展作出建议）作为出发

点，并非是商业盆栽方面的处理。一般而言，对温室盆栽填装土壤的要求并不明确，一些学者在相关文献中虽然讨论了填装方法，但并不像美国材料试验学会的规定那么严谨。

商业盆栽装填处理，只要将装满了根系层材料的花盆在桌面轻敲几下即可。但是针对作物根系发展研究的盆栽，这种处理方式不可取，因为每个人的敲击力度和方法不同，这就会造成盆中土壤容重不同。为了让装填的盆栽根圈类似，必须保持填装的方法一致。

7.1.5.1　栽盆选择

以下所提供的材料及方法，只是过去一些比较成功的经验总结，仅供参考。

（1）不同材质的栽盆很多，一般的，温室试验花盆多为塑料材质，因为塑料花盆不仅可以重复使用，而且在填装过程中不易破裂。花盆以经济耐用、不易变形者为首选。当然，栽盆的深浅和大小均须加以考虑，为了操作方便，一般栽盆形状以截圆锥体（Truncated Cone）为佳。

（2）按照经验，截圆锥体栽盆最好分两层填装，如图 7.11（a）所示。为了使上下层的生根基质均匀分布于整个花盆，可准备两片圆形木板（约 2cm 厚的三夹板最为理想），置放在夯压底盘之下当垫板，如图 7.11（b）所示。木板直径视花盆的尺寸大小而定。如果花盆深 30cm，木板的直径可

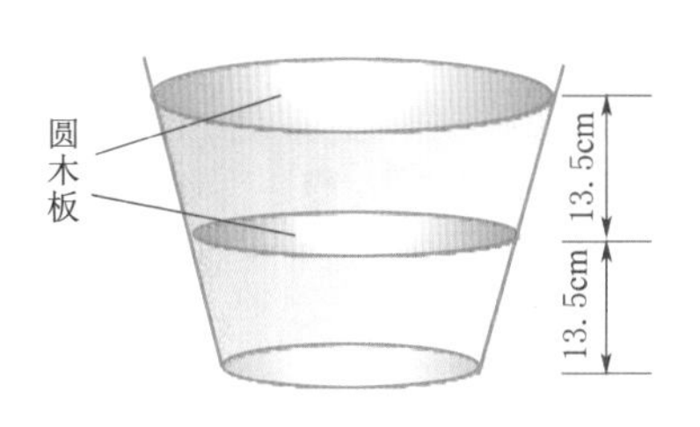

（a）截圆锥体栽盆

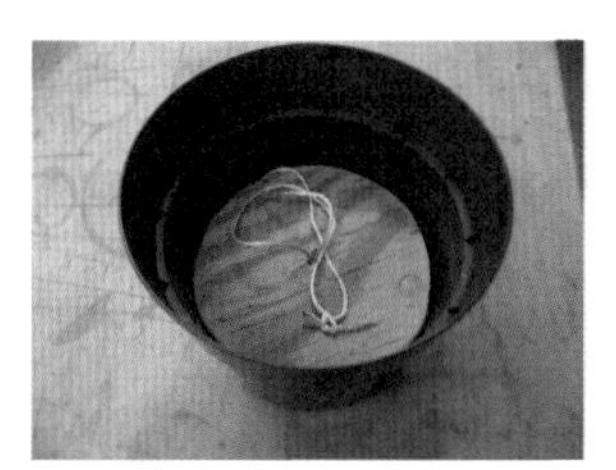

（b）栽盆和垫板

（c）树脂软盆中盛上5cm砂土

图 7.11　填装栽盆及所需的配件

用花盆 10～12cm 处（从盆底测起）的直径为标准。因为生根基质最多只能装至栽盆高度的 90%，所以第二片垫板直径可用栽盆 25～27cm 处的直径制成。

（3）除上述的栽盆和配件外，还需要再准备一个树脂软盆（Resin Container），如图 7.11（c）所示。此软盆的直径必须比栽盆的直径大些，盆内装 5cm 深的砂土。首先在栽盆中添入土壤，然后将栽盆放入软盆中夯压。由于软盆内装的是砂土，夯击时可以吸收外力冲击，栽盆就不易破裂。

7.1.5.2　盆栽的填装方法

（1）首先测出 90%满的花盆容积，以便预估每盆生根基质所需用量。测量花盆容积的简易方法是：在花盆内铺上一层薄塑料布，将水倒入至 90%满，再量出水的体积即得。

（2）理想田间根系层的容重为 1.2～1.4g/cm^3，若利用 3.02kg 的夯实槌（图 7.6），落距 30cm，平常只需夯击 3～4 次即可达到所要的生根基质容重。把填入第一层土样的花盆放在树脂软盆中夯实，第一层夯压完成后，将其表面刮松 1～2mm 后，再装入第二层。在正式填装前，一般都得先练习几次，满意之后再填装所有的栽盆（图 7.12）。因栽盆上大下小，下层所需的根系层材料比上层少，所以填装时可以先留意一下各层土量的分配，并由此决定夯击次数以达到所期望的容重。图 7.1（a）中所有的栽盆都是利用这种方法填装出来的。此外，把栽盆放入树脂软盆内夯实，是利用软盆中的砂土吸收外力冲击，避免栽盆破裂。

（a）把装好土样的栽盆放在树脂软盆中夯实

（b）夯实完成的填装栽盆

图 7.12　栽盆置于树脂软盆内夯实示意图

如图 7.13 所示，在土壤生态研究中，试验设计不能只考虑根系层材料，也必须考虑测试作物的生长习性和其他要求。

(a) 进行番茄堆肥添加量的研究所采用的截圆锥体栽盆

(b) 草坪需水量研究，为了满足美国高尔夫球协会的要求和方便用水量计算，采用PVC管替代栽盆

图 7.13 土壤生态研究中使用的栽盆

7.2 蒸渗仪

早在17世纪，蒸渗仪就已被应用在水土平衡（Soil Water Balance）的研究中，特别是地表水下渗（Infiltration）、地表径流（Surface Runoff）、作物需水量（Crop Water Consumption）和蒸发及蒸腾量（Evapo-Transpiration）等土壤水文变化过程而设定的装置。按质量守恒定律（Conservation of Mass），土壤水分在土层中的变化 ΔS 可用以下方程式来说明，即

$$\Delta S = P + I + Q - \Delta R - E_t \quad (7.1)$$

式中：P 为降水量（Precipitation），mm；I 为灌溉水量（Irrigation），mm；Q 为渗漏量（Percolation），mm；ΔR 为地表径流量（Surface Runoff），mm；E_t 为蒸发及蒸腾量（Evapo-Transpiration），mm。

蒸渗仪往往是根据研究主题和研究目的设计建造的。在美国，最著名的蒸渗仪建于1936—1937年，坐落于俄亥俄州的北阿巴拉契亚实验集水区（North Appalachian Experimental Watershed，Coshocton，Ohio，USA）科肖克顿附近的水文研究站，该实验集水区共有11个8.1m×2m×2.4m独块体（Soil Monolith）蒸渗仪，其中有三个是称重蒸渗仪（Coshocton Weighing Lysimeter），如图7.14所示。

7.2.1 蒸渗仪的组成

称重蒸渗仪的组成包括四部分，即主体、称重系统、水和溶质在主体中

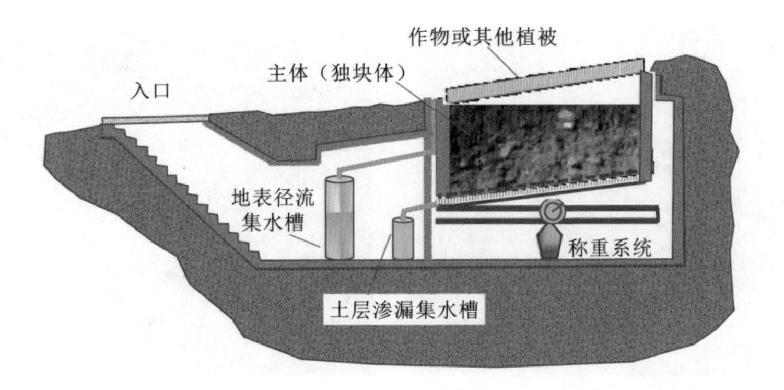

图 7.14　科肖克顿独块体（Soil Monolith）称重蒸渗仪剖面图
（此图参考美国农业部报告改绘）

流动测定、数据采集。具体组成如图 7.14 所示。

（1）主体。蒸渗仪主体部分除了独块体（Soil Monolith）之外，也可能包括地面上的一些作物或其他植被。独块体截取自一定深度的原状土，此独块体与周边土层完全隔离。在安装蒸渗仪时，地点的选择非常重要，因为它必须能反映整个田区的特性以及满足研究主题的需要。此外，挑选独块体的大小也很关键，独块体越大，其代表性就越高，但建造过程复杂性就越大，造价也就越昂贵。当然也有些蒸渗仪的独块体是在挖掘时把各土层分离，然后回填重装。重装独块体的代表性肯定不如原装未扰动土真实，因此所得的研究结果也不如原装未扰动土受重视。

（2）称重系统。随着科技进步，有些蒸渗仪主体中安装中子探测仪（Neutron Probe）、时域反射计（Time Domain Reflectometry，TDR）或其他精密水分测定仪来监测独块体土壤水分含量的变化。但为了能精确地了解土壤水分含量的变化，以及从经济上考虑，称重式蒸渗仪仍被许多学者采用。独块体的称重系统种类繁多，包括液压式（Hydraulic Weighing System）、机械式（Mechanical Weighing System）及电子称重式（Electronic Weighing System）等。无论是采用何种称重系统，最重要的是它可以即时反应和测出土壤水分含量增减的瞬间变化。称重系统的设计、安装及操作都极具挑战性，因为往往要求其测量到的独块体土壤水分含量变化的精准度为 0.1mm 或 1.0mm 以下。但是如此庞大的独块体，再加上地表作物的生长、人与动物的活动以及有机物质的增减等因素的干扰，常常会对独块体重量的变异产生一定的影响，因此对蒸发及蒸腾量方面的研究更具复杂和挑战性。

（3）水和溶质在主体中流动测定。水进入蒸渗仪的途径包括降雨和灌溉，因此在安装蒸渗仪的同时往往也会安装一个小型气象站（图 7.15）用来测定降雨量及其他气象变化情况。水从主体流失的途径包括：①地表径流；②水经入渗，经过土层渗漏流出底部；③地表的蒸发及蒸腾。地表径流和渗漏流出量可通过集水槽的重量或水位来测定。如果流量充沛，特别是地表径流，也可以利用微型翻斗流量计（Tipping Flowmeter）测定。至于蒸发及蒸腾量，一般都是利用以上所测得的数据，再由式（7.1）求得。至于溶质的移动，往往是从地表径流和渗漏液中再采样分析。

图 7.15 小型气象站

（4）数据采集。在主体测定的上述数据资料，应当尽可能地利用自动记录器（Auto-Recorder）或直接利用遥感方式（Remote Sensing）将数据资料传输到计算机再做分析，这样一来既可以争取时间，提高效率，也可以减少人力的需求，同时避免一些人为产生的误差。

在理论和理想条件下，蒸渗仪的确能提供许多水文环境的信息，但在实际安装和操作过程中，也常出现许多困难，例如在截取原状独块体时，土中的石块和岩层以及植被根系处理等就存在技术瓶颈。此外，建造的费用庞大，对人力资源及技术要求很高，同时长期的维护费用也很高，往往很多蒸渗仪在研究计划结束之后，因无法维护而被弃置不用。例如，美国科肖克顿（Coshocton）水文研究站建于 20 世纪 30 年代许多著名学者在此基地做过无数研究，培养出许多著名科学家，所收集的资料在世界各国的科学期刊和学术会议上发表，但遗憾的是，到了 2010 年，这个由美国农业部资助的研究基地由于维护费用过于庞大，最后只得放弃。

7.2.2 微型蒸渗仪

微型蒸渗仪概念的出现（Boast 和 Robertson，1982），在某些方面的研究上的确是有其价值的。微型蒸渗仪因成本低、操作方便、体积小、移动性高、携带方便，特别适合用在偏远地区做蒸发及蒸腾量研究，甚至可以把有些研究移到室内进行。

目前市面上许多类型的微型蒸渗仪都对仪器的精度（Precision）加以强调，但其实微型蒸渗仪（无论是做什么类型的土壤研究）最重要的应该是保证主体（土样）本身的完整和代表性，确保土样能准确地（Accurately）反映田间的特性，这比精度更为重要。微型蒸渗仪大部分用来测定土壤蒸发或渗漏量，但对生态方面的研究帮助不大。

7.3　吸力渗滤液收集器

20 世纪 60 年代后，为了水土保持，减少因耕犁而使表土流失，提倡减耕（Reduced Tillage）或免耕（No-till）种植。减耕或免耕种植，除了省时省钱之外，同时也降低了人力和能源的消耗，因此广受欢迎。传统的耕种方式发生转变，但由于增加了农药和化肥的使用，带来了环境污染及生态破坏问题。为了了解农药和化肥在田间施放后的流向，蒸渗仪自然成为追踪的工具。但是如前所述传统蒸渗仪的种种问题，利用蒸渗仪只追踪农药和化肥的去向不太实际。因此有学者提出利用张力计的原理，在多孔隙瓷杯中输入负压，把土壤毛细管中的水和溶质引入杯中，再从杯中取出水样分析，如图 7.16 所示。

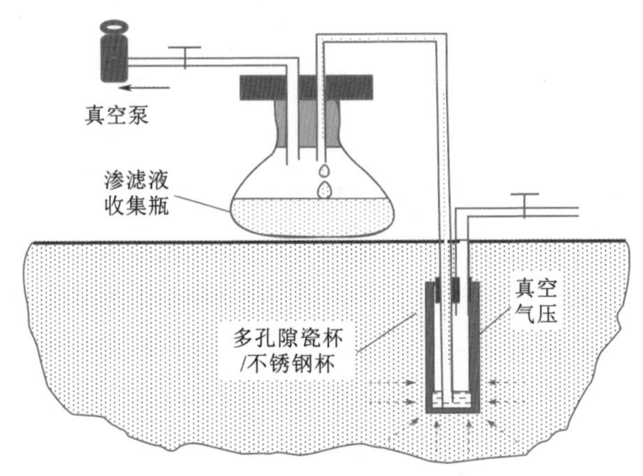

图 7.16　利用负压（吸力）渗滤液收集器收集土层渗滤液示意图

负压渗滤液收集器也称吸力渗滤液收集器。收集土层渗滤液时，一般是在土壤水分含量高且非饱和状态下取样的。吸力渗滤液收集器的造价、安装

或维护费用都远比传统蒸渗仪低，而且弹性大，田间重复试验性高，可以在不同深度的土层中采集溶质样本。虽然如此，吸力渗滤液收集器也有它的问题存在，比如在安装过程中，是否能保证多孔隙瓷杯 与土壤有良好的接触，最关键的是能否保证引入多孔隙瓷杯中的渗滤液的势能与土壤中的势能一样，以及能否保证土样是在自然状况下取样的，这都是值得思考的问题。再者，吸力渗滤液收集器所能收集的溶液势能为－50～0kPa（从田间持水量至土壤饱和之间），原因是势能低于－50kPa时，多孔隙瓷杯中可能会进入空气而破坏势能系统。另外需要注意的是，多孔隙瓷杯有可能会吸附农药或化肥而使渗滤液的浓度发生变化，因此有些渗滤液收集器改用多孔隙不锈钢管(Porous Stainless Steel Tube)。使用多孔隙不锈钢管可以降低在安装时破坏多孔隙瓷杯的可能性。

图7.17（a）为 Soilmoisture Equipment Corp. （801 S. Kellogg Ave.，Goleta，CA 93117 USA）的产品，是用纯氧化铝陶瓷制成的渗滤液收集器。图7.17（b）为 Soil Measurement Systems，Inc. （7090 North Oracle Road ♯178－170，Tucson，AZ 85704 USA），是用不锈钢管制成的多孔隙渗滤液收集器。

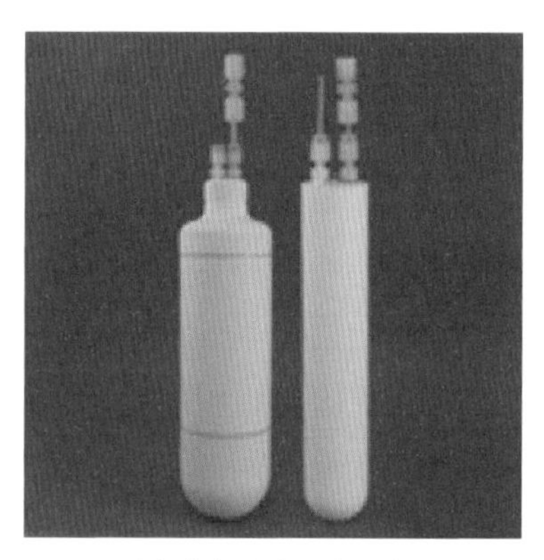

（a）纯氧化铝陶瓷渗滤液收集器

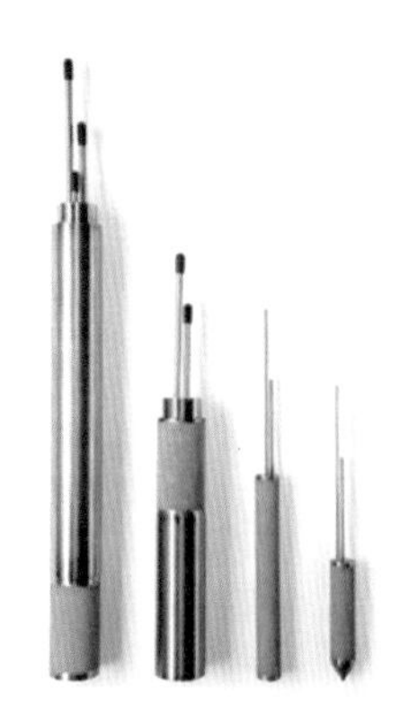

（b）不锈钢多孔隙渗滤液收集器

图7.17　吸力渗滤液收集器

7.4　零吸力渗滤液收集器

吸力渗滤液收集器是为非饱和土壤而设计的，主要用于采集毛细管中的悬浮液（Suspension Water）。很多时候，在田间残余的农药或肥料，往往因一场大雨随着地表径流渗入土壤并且随着重力水而流失。大孔隙（Macro-Pore）中的重力水因为流速快，滞留在土中的时间非常短暂，用吸力收集器不易采集，因此采集重力水的渗滤液收集器必须设计成零吸力渗滤液收集器。

零吸力或零张力（Zero-Suction/Zero-Tension）渗滤液收集器如图 7.18 所示，其实就是一个安置在土层中的拦截槽（Interception Trough），拦截因重力渗滤液下渗的装置。

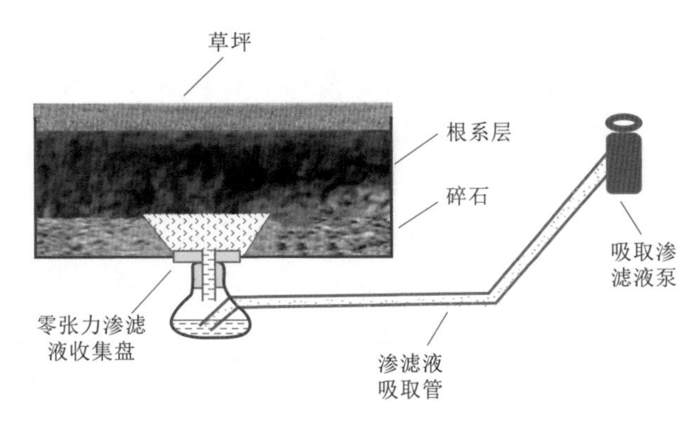

图 7.18　零吸力或零张力渗滤液收集器示意图

7.5　渗滤液拦截槽的设计与安装——以高尔夫球场果岭为例

以高尔夫球场果岭为例，其主要原因是它在所有农业（包括运动和休闲草坪）经营中，是施撒肥料和农药最多的地方。在此也必须说明，以下介绍的装置只适合于粗质地土层渗滤液浓度的测定，且无法测出单位面积渗滤液的流量，而对于农地或森林的土壤，拦截槽则必须另行设计。

在设计渗滤液拦截槽时，首先必须了解渗滤液中所要测定的化学物质或农药的特性，而且需要了解用来建造拦截槽材料的特性。因为有些材料可能对某些化学物质吸附性很强，会对渗滤液中真正的化学物质含量造成干扰。

高尔夫球场果岭所施的肥料主要是氮、磷、钾和铁。钾和铁在土壤中的移动不会对土壤本身带来影响，因此，渗滤液的收集主要以磷和硝态氮的流向为主。

7.5.1　渗滤液拦截槽的设计

如图 7.19（a）所示，拦截槽（Interception Trough）用疏水阀（Drainage Trap）制成。首先在疏水阀出水口处安装一片不锈钢纱网［图 7.19

(b)]，其目的是防止外物进入而发生阻塞。在疏水阀底部加盖，盖上钻孔，利用强力胶与L形出水口［图7.19（c）］连接，然后在L形出水口接上聚四氟乙烯管（Teflon Tubing，管径6.35mm最为适宜），如图7.19（d）所示。必须在L形出水口加上保护盖，如图7.19（e）所示，防止小吸管受外力挤压发生断裂或扭结（Kinking），最后在疏水阀上加一多孔护盖和一片不锈钢纱网，这样拦截槽安装完成，如图7.19（f）所示。拦截槽所用配件，在五金店中可以购得。

（a）拦截槽　（b）不锈钢纱网

（c）连接L形出口　（d）连接小吸管

（e）加保护盖　（f）多孔护盖

图7.19　自行设计的零张力渗滤液拦截槽

7.5.2　实地渗滤液拦截槽的安装

一个高尔夫球场是否成功，完全取决于果岭的好坏，它是整座球场成功的命脉。因此，在果岭中安装拦截槽时必须格外慎重，必须注意以下几点：①不能破坏草皮；②安装时间要短；③安装完成后，草坪必须在最短时间之内恢复原状。按照美国高尔夫球协会的规定，果岭根系层的厚度为 30cm，所以拦截槽必须安装在草坪 30cm 之下。

在安装时，首先要准备一把大环刀（直径 40cm，高 40cm），环刀可利用不锈钢板（厚度 3mm）制成，环刀的一端外边必须磨尖以用来切割土层，另一端为了易于操作可焊上手把，如图 7.20（a）所示。拦截槽的安装位置最好选在果岭中间地势稍低的地方，如图 7.20（b）所示。在切割安装拦截槽的圆洞时，可将双手按在环刀手把上用力往下按，直到环刀垂直插入土中 30cm 深处时，再把环刀左右旋转，确定环内土柱底部与土层完全分离，再把环刀和环内的土柱同时取出，如图 7.20（c）所示。图 7.20（d）为切割出来的完整土柱。

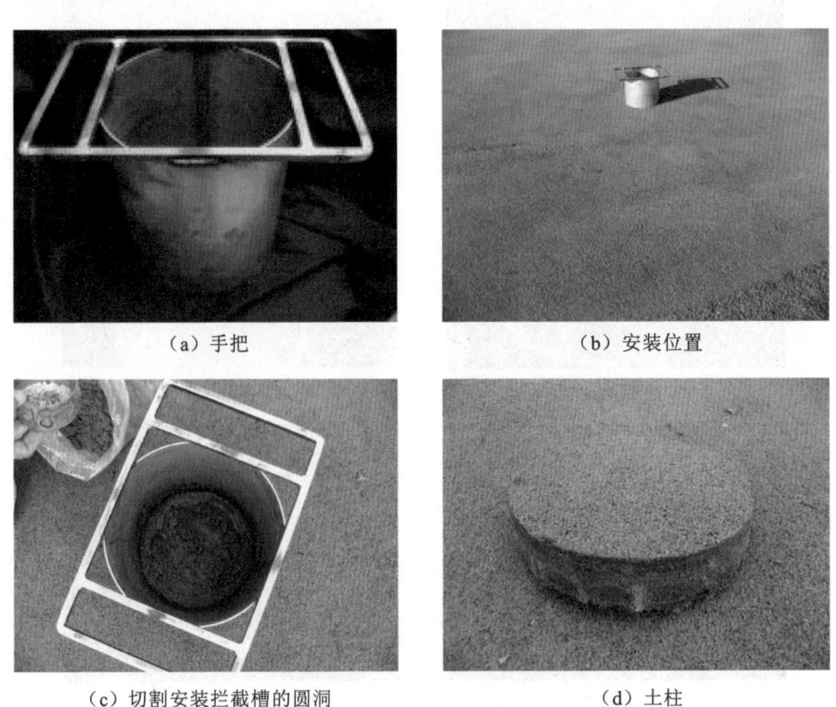

（a）手把　（b）安装位置

（c）切割安装拦截槽的圆洞　（d）土柱

图 7.20　大环刀在果岭中切割土层以便安装渗滤液拦截槽示意图

由于渗滤液拦截槽安装在果岭之内，并且果岭中除了球洞之外是不能出现其他任何设施的。所以，抽取渗滤液的出口必须安装在果岭之外。为了把小水管安装在根系层之下，拦截槽和取样口间的草皮就必须切割挪开才能

安装。

图 7.21 (a) 为割草皮刀 (Sod Cutter，可割至约 5cm 厚)。在切割草皮之前，为了避免破坏或过度践踏草皮，可事先在果岭草皮上铺塑胶布，如图 7.21 (b) 所示。切割时，最好是从果岭外围 (Apron) 往安装拦截槽方向切割，如图 7.21 (c) 所示，可以把切割出来的草皮按照不同长度来堆砌，以便搬动，如图 7.21 (d) 所示。

(a) 割草皮刀　(b) 铺塑胶布

(c) 果岭及外围　(d) 按长度堆砌

图 7.21　利用割草皮刀切割草皮以便安装渗滤液吸管

在建造高尔夫球场果岭时，其根系层所用的材料 (Rooting Material) 可能不同，为了避免混淆，最好把挖掘出来的根系层土壤按照不同层分开，以便回填时可依序恢复原样，如图 7.22 所示。

在安装拦截槽时，可以先用纸或布盖住拦截槽防止泥沙进入槽内，但拦截槽表面必须保持水平位置，如图 7.23 (a) 所示。为了使连接拦截槽的小吸管不受破坏，可以在小吸管外套 PVC 管，如图 7.23 (b) 所示。拦截槽槽底必须安置在硬实的土层上，四周加铺细石固定，如图 7.23 (c) 所示，避免拦截槽出现倾斜现象。最后在拦截槽上铺细石，如

(a) 分层取样

(b) 回填

图7.22　挖掘根系层以便安装渗滤液吸管

(a) 表面水平

(b) 小吸管外套PVC管

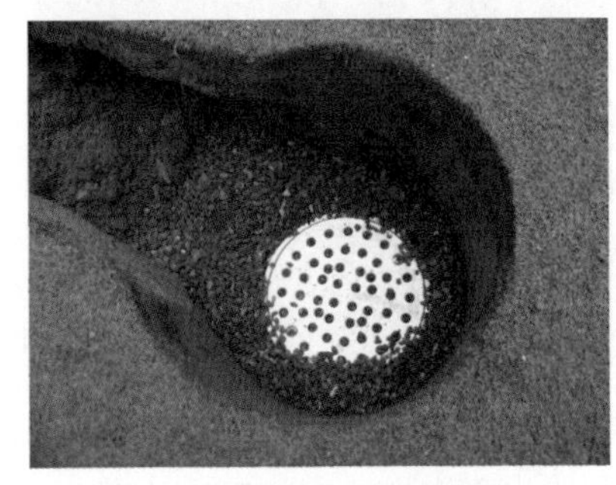
(c) 四周加铺细石固定

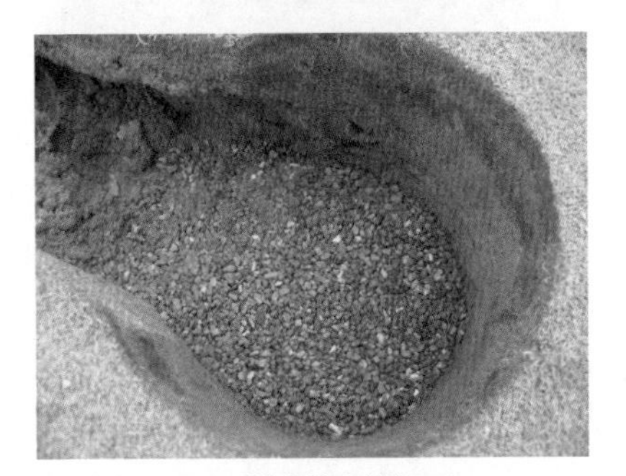
(d) 拦截槽上铺细石

图7.23　安装拦截槽示意图

图7.23 (d) 所示。

回填时，先将环刀切割出来的土柱还原，然后再将挖掘出的根系层土壤分层分类依序回填。回填时，每一层都必须完全压实，最后铺上草皮后再压实，如图7.24 (a) 和 (b) 所示。最后必须把抽取渗滤液的小吸管封紧，以

免泥沙或虫蚁进入拦截槽。图 7.24（c）为刚完成回填的果岭及在果岭外围的抽取渗滤液出口。图 7.24（d）为装置完成后第三天的情形。

（a）土柱还原

（b）铺上草皮后再压实

（c）抽取渗滤液出口外围

（d）装置完成后第三天的情形

图 7.24 草皮回填完成示意图

采样时，将装置在果岭外的出口［图 7.25（a）］打开，取出小吸管［图 7.25（b）］与吸水泵连接［图 7.25（c）］，进行取样［图 7.25（d）］。一般渗滤液采样会在灌溉或降雨 24h 后进行，每次采样完后必须把拦截槽中剩下的渗滤液抽干，以免影响下一次采样，所采集的样品可以暂存在冰箱［图 7.25（e）］中，以便集中分析。

图 7.26 为在 2006 年高尔夫球季降雨时从果岭的渗滤液中测出的硝态氮含量及磷含量的结果。在试验中，一共选了 9 个非美国高尔夫球协会认证的果岭进行测试，这些果岭都是利用砂土堆积而成的（Push-Up Green）。拦截槽安装在根系层 30cm 深处，所有的渗滤液样品均在降雨 24h 后收集。虽对所收集到的渗滤液同时进行硝态氮和磷的分析，但在所取众多样品中，有些因硝态氮含量极低而未能测得。如图 7.26（a）所示，8 月 29 日的一场雨中，所有带出的硝态氮含量达 20mg/L。虽然这场雨不大，但渗滤液中的硝态氮含

（a）打开果岭外的出口

（b）取出小吸管

（c）小吸管与吸水泵连接

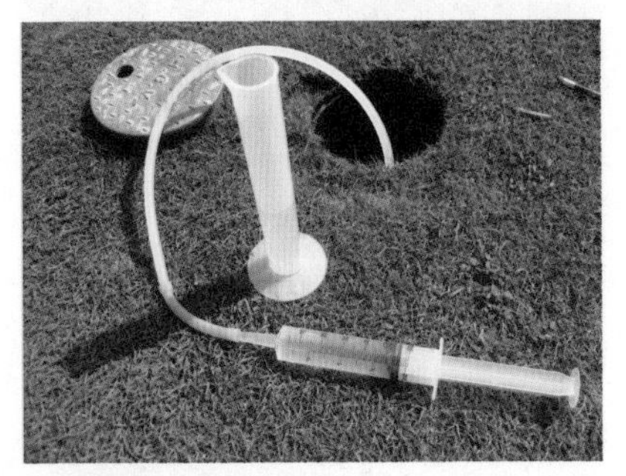

（d）取样

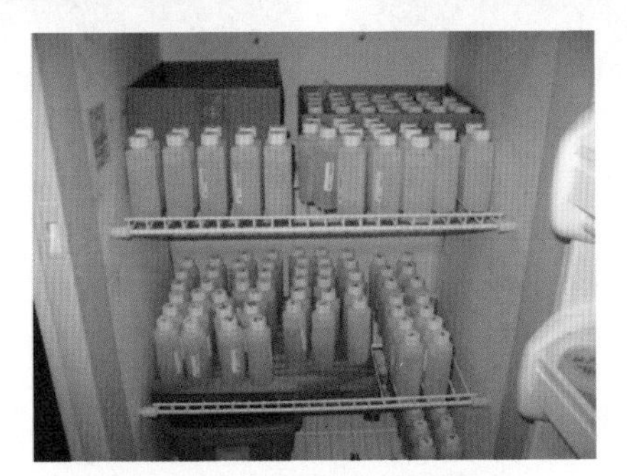

（e）采集的样品可以暂存冰箱

图 7.25 渗滤液采样及暂存冰箱的样品示意图

量却如此之高，是由于降雨前 48h 果岭刚刚施完氮肥的缘故。在测试期间，其他果岭中也出现钾的含量超过 2mg/L 的情况。这些作物营养数据均超出美国环境保护局在该地区对湖泊或溪流的允许范围标准。试验结果说明，为了保护环境、提高施肥的效益，施肥时也要考虑天气因素。

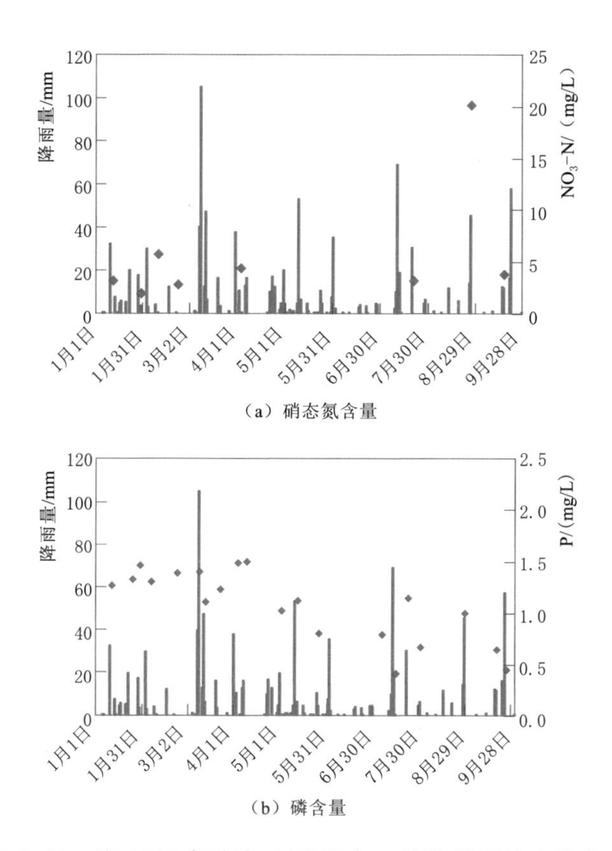

（a）硝态氮含量

（b）磷含量

图 7.26　在 2006 年高尔夫球季中，从堆积果岭中收集的渗滤液测出的硝态氮及磷的含量

参　考　文　献

BOAST C W，ROBERTSON T M，1982. A “micro-lysimeter” method for determining evaporation from bare soil：description and laboratory evaluation [J]. Soil Science Society of America Journal，46：689 - 696.

BOUMA J，1989. Using soil survey data for quantitative land evaluation [J]. Advances in Soil Science，9：177 - 213.

BRADY N C，WEIL R R，2008. Elements of the Nature and Properties of Soils [M]. Boston：Prentice Hall.

DAS B M，1989. Soil mechanics laboratory manual [M]. San Jose：Engineering Press，Inc.

GOSS M J，EHIERS W，2009. The role of lysimeters in the development of our understanding of soil water and nutrient dynamics in ecosystems [J]. Soil Use and Management，25：213 - 223.

SCHROEDER W L，1984. Soils in construction [M]. New York：John Wiley & Sons，Inc.